高等院校工业设计规划教材

# 产品设计材料与工艺

贺松林 姜勇 张泉 / 编著

U0269728

电子工业出版社.
**Publishing House of Electronics Industry**
北京·BEIJING

# 内容简介

为了适应21世纪新形势，工业设计专业对设计材料及加工工艺的要求，我们在总结多年教学实践经验的基础上编写了本书，全书共七章。前三章主要讲述材料的分类、材料的物理、化学、力学性能、材料的表面处理、材料的质感等材料的共性问题。后四章分别讲述金属材料、塑料、木材、玻璃的性能、特点与加工工艺等问题。本书作为工业设计专业的教材，力求文字简洁，通俗易懂，不过多地涉及材料的物理、化学、力学等方面的专业理论。书中配置了大量的设计实例和图片，使读者能够更直接地感觉到材料与加工工艺在产品设计中的应用和艺术魅力。

本书适合作为高等院校工业设计专业的教学用书，同时也适合从事工业设计的读者参考阅读。

**图书在版编目（CIP）数据**

产品设计材料与工艺 / 贺松林，姜勇，张泉编著.—北京：电子工业出版社，2014.5
高等院校工业设计规划教材
ISBN 978-7-121-22762-2

Ⅰ.①产… Ⅱ.①贺… ②姜… ③张… Ⅲ.①产品设计－高等学校－教材 Ⅳ.①TB472

中国版本图书馆CIP数据核字（2014）第059267号

责任编辑：田　蕾
特约编辑：赵海红
印　　刷：北京捷迅佳彩印刷有限公司
装　　订：北京捷迅佳彩印刷有限公司
出版发行：电子工业出版社
　　　　　北京市海淀区万寿路173信箱　　邮编：100036
开　　本：787×1092　　1/16　　印张：10.75　　字数：275.2千字
印　　次：2023年12月第20次印刷
定　　价：52.00元

参与本书编写的人员有：黄成、焦玉琴、范波涛、李华、沈学会、刘春媛、王建华、田蕴、毛斌、张岩、黄晓燕、李达、梁惠萍。

# 丛书编委会成员

（排名不分先后）

艺术学院与机械工程学院中相关专业均可选取本套教材。

## 主要专业

本套教材可服务的专业主要有：工业设计、产品设计、模具设计与制造、数控加工与制造4个专业。

| 专业名称 | 专业培养目标 |
|---|---|
| 工业设计专业 | 系统地掌握本专业必需的基本理论知识和必备的基本技能及方法，具有较强的实践动手能力，适应全国经济建设和社会发展需要，适合具备汽车、家电、家居饰品、首饰等产品造型设计能力的高级应用型专门人才学习 |
| 产品设计专业 | 掌握本专业必需的基础理论与技能，具有独立创新和一定的审美能力，具有较强的产品电脑设计和造型设计能力，具备现代工业产品造型设计、产品包装设计、产品生产管理等方面能力的高素质技能型人才 |
| 模具设计与制造专业 | 培养模具设计与制造的高级应用型技术人才，毕业生可从事企业生产所需模具及其工装的设计与制造、模具装配与调试、模具企业经营与管理工作 |
| 数控加工与制造专业 | 掌握本专业的基本技术知识，具有扎实的理论基础、精湛的操作技术，具备解决复杂工艺难题的能力，可作为熟练掌握数控加工工艺和数控加工程序编制方法，熟练进行数控加工设备的操作和维护的生产第一线技术骨干和生产现场的技术带头人的参考书 |

## 教材特色

- 创新性——突出科技与艺术的结合，体现现代工业设计领域的新技术、新材料、新工艺，引领未来工业设计领域的发展趋势。
- 系统性——涵盖工业设计专业的所有学科，特别是新兴学科，对于新开本专业的院校具备一定的指导性。
- 实用性——突出以人为本的理念，强调培养个人能力为目标，注重针对学院培养实用性人才策略。
- 环保性——教材内容强调绿色、环保、节能理念，并具有可持续发展性。
- 延展性——教材编写者均为业内知名教师与一线设计名家，后续可以为广大教师与学生提供完善的交流学习平台。

根据课程的特点，为教师开发了相关配套教学资源，以教材为核心，从教师教学角度出发，为教师提供了PPT教学课件、电子教案与学时分配建议表，可以大大提高教师的教学效率。

根据每本教材的不同，有针对性地为学生提供相关的练习素材与拓展训练，方便学生练习使用。为了方便使用本套教材授课的教师与本套教材编写专家沟通，特创建了"教师授课交流QQ群，可容纳1000名教师同时在线交流"。获取以上教学支持的方法如下：

电子邮件：ina@fecit.com.cn;kdx@fecit.com.cn
联系电话：010-88254160
教师QQ群号：218850717（仅限教师申请加入）

# 前　言

设计是由创意转变为现实的过程，工业设计是以创造出具有某种用途，并以现代工业化手段生产的产品为目的的，而材料及加工工艺是产品设计的物质基础。产品设计是通过材料及加工工艺转化成实体产品的。材料以其自身的特性影响着产品的设计，材料通过自身的物理、化学、力学等性能，保证和维持了产品的形态和功能，产品使用者直接所视和触及的只能是材料。任何一个产品设计，都必须在选用特定的材料的基础上进行，都必须使材料的性能与加工工艺及使用要求相一致，才能实现其目的。随着社会的进步，新材料、新工艺也会不断出现，而每一次新材料、新工艺的出现，都会给产品设计提供新的条件，给设计带来飞跃式发展，产生新的设计风格，新的产品结构和新的功能。而新的设计构思对材料和工艺也提出了更新和更高的要求，也就促进了材料科学和新工艺技术的发展。

为了适应21世纪新形势，工业设计专业对设计材料及加工工艺的要求，我们在总结多年教学实践经验的基础上编写了本书，全书共七章。前三章主要讲述材料的分类、材料的物理、化学、力学性能、材料的表面处理、材料的质感等材料的共性问题。后四章分别讲述金属材料、塑料、木材、玻璃的性能、特点与加工工艺等问题。本书作为工业设计专业的教材，力求文字简洁，通俗易懂，不过多的涉及材料的物理、化学、力学等方面的专业理论。书中配置了大量的设计实例和图片，使读者能够更直接地感觉到材料与加工工艺在产品设计中的应用和艺术魅力。

由于编者水平有限，书中难免有不当之处，敬请读者批评指正。

编著者

# 目 录

# 第1章
# 概　述

**本章重点：**

◆ 产品设计与材料的关系，材料的几种分类方法，概括讲述了材料的物理、化学、力学性能。

**学习目标：**

◆ 掌握材料在产品设计中的作用，材料的几种分类方法，在产品设计中应了解材料的哪些性能。

## 1.1 产品设计与材料

设计是人类文明的创造活动，设计是指人们为了达到一定的目的，从开始构思到创立一个可以付诸实施的方案，并把这个方案用一定的手段表现出来的整个过程。设计的目的可以是物质性的，例如，设计一把椅子；也可以是精神性的，例如，一个美术作品。设计在人类的物质财富和精神财富的创造活动中都起到了重要作用。

人们的设计有多种多样，如建筑设计、机械设计、艺术设计等，而产品设计是指对工业生产的产品进行的规划与设计，设计是收集信息、综合信息、创造新信息的过程，产品则是这一过程完成的最终结果。

产品设计是一种造型计划，是人们在生产中有意识地运用各种工具和手段将材料加工或塑造成可视的、可触及的、具有一定形状的实体，使之成为具有使用价值和商品特性的物质，材料是实现产品设计的载体，设计和材料是紧密相连的，不可分割的。

产品设计虽然具有很强的艺术性，但它与纯艺术是不同的，纯艺术只是从美学角度出发，其作品只追求美和观赏性，而产品设计则不仅追求美，还要有使用价值和商品特性，并且还要能实现工业化生产。例如：人们设计一把椅子，不仅要求椅子美观，而且还要用一定的材料将其制造出来，使其具有使用价值——供人们坐在上面，同时还要考虑其制造批量、制造成本、使用寿命、销售价格等因素。以上各因素都与材料是密不可分的，都与材料的物理、力学、化学性能紧密相连的。因此作为产品设计者，必须了解各种材料的物理、化学、力学等性能和不同材料的成型方法，以及各种成型技术的特性，才能设计出既美观又实用的产品。

翻开人类的历史，我们不难发现，设计的发展和材料的应用是相辅相成的。以椅子为例，不难看出椅子设计造型的变化与发展和椅子的材料的应用与发展是相辅相成、相互影响、相互促进和相互制约的。如图 1-1 所示是古希腊大理石椅子，石材是脆性材料，所能承受的压力远远高于所能承受的拉力，另外加工也比较困难，只好采用落地式结构，整个造型显得很厚重。如图 1-2 所示是明代木制椅子，由于木材易于加工，形成了框架式结构，它有 4 条腿支撑，形成框架后再安装坐板、背板和其他装置。

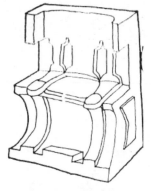

图1-1　大理石椅子　　　　　图1-2　明代木椅

如图 1-3 所示是非利浦·斯塔克（Philippe Starck）设计的塑料椅子，充分利用了塑料的可塑性，一次注射成型，色彩鲜艳造型美观，并可堆叠，给使用和存放带来了许多方便。

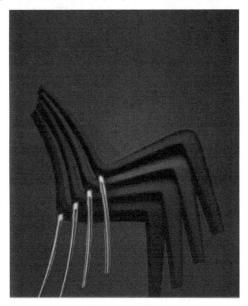

图1-3 塑料椅子

如图 1-4 所示是一把金属椅子，设计师利用金属可塑性加工的特性把一块平板状的铝材切成所需的尺寸和形状，冲出装饰孔以减轻重量，最后弯曲成型。

图1-4 金属椅子

从以上几个实例可以看出，椅子的基本功能是相同的，但由于材料不同，材料的特性不同，椅子的构造也不同。另外，相同的材料采用的加工工艺不同，其构造也会不同。如图 1-5 和图 1-6 所示都是木材制造的椅子，但前者采用传统的卯榫工艺制造，而后者采用板材弯曲成型工艺制造，虽然都是木制椅子，但二者的构造却完全不同。所以，一件产品的构造与材料、材料的特性及加工工艺是密不可分的，设计者必须掌握好各种材料及其特性，了解各种材料的加工工艺，才能设计出好的产品，才能成为一名优秀的设计师。

图1-5　卯榫结合木椅　　　　　　图1-6　弯板木椅

随着科学技术的发展，材料科学也在不断发展，各种各样的有别于传统材料的新型材料也在不断涌现。人们现在通常所说的新型材料是指新出现的或正在发展中的，具有传统材料所不具备的优异性能和特殊功能的材料；或采用新技术（工艺，装备），使传统材料性能有明显提高或产生新功能的材料；一般认为满足高技术产业发展需要的一些关键材料也属于新型材料的范畴。

新型材料作为高新技术的基础和先导，应用范围极其广泛，它同信息技术和生物技术一起成为21世纪最重要和最具发展潜力的领域。同传统材料一样，新材料可以从结构组成、功能和应用领域等多种不同角度对其进行分类，不同的分类之间相互交叉和嵌套。

新型材料主要有传统材料革新和新型材料的推出构成，随着高新技术的发展，新材料与传统材料产业结合日益紧密，产业结构呈现出横向扩散的特点。

可以作为设计材料应用的新型材料主要有以下几大类：

### 1. 能源材料

可作为设计材料使用的新能源材料主要包括专用薄膜；先进光电材料；特制光谱塑料和涂层；高温超导材料；低成本低能耗民用工程材料；轻质；便宜、高效的绝缘材料；轻质；坚固；复合结构材料；陶瓷和复合材料；抗辐射材料；抗腐蚀及抗压力腐蚀裂解材料；机械和抗等离子腐蚀材料等。当前研究热点和技术前沿包括高能储氢材料、聚合物电池材料、中温固体氧化物燃料电池电解质材料、多晶薄膜太阳能电池材料等。

### 2. 纳米材料

纳米材料及技术将成为第5次推动社会经济各领域快速发展的主导技术，21世纪前20年将是纳米材料与技术发展的关键时期。纳米电子代替微电子，纳米加工代替微加工，纳米材料代替微米材料，纳米生物技术代替微米尺度的生物技术，这已是不以人的意志为转移的客观规律。

纳米材料与科技的研究开发大部分处于基础研究阶段，如纳米电子与器件、纳米生物等高风险领域，还没有形成大规模的产业。但纳米材料及技术在电子信息产业、生物医药产业、能源产业、环境保护等方面，对相关材料的制备和应用都将产生革命性的影响。

### 3. 新型有色金属合金材料

主要包括铝、镁、钛等轻金属合金，以及粉末冶金材料、高纯金属材料等。

铝合金：包括各种新型高强、高韧、高比强度、高强耐蚀铝合金，可焊、耐热耐蚀铝合金材料，如 Al–Li 合金等；镁合金：包括镁合金和镁 – 基复合材料、超轻高塑性 Mg–Li–X 系合金等；钛合金材料：包括高温钛合金、高强钛合金、低成本钛合金等；粉末冶金材料：产品主要包括铁基、铜基机械零件、难熔金属、硬质合金等；高纯金属材料：材料的纯度向着更纯化方向发展，其杂质含量达 ppb（$10^{-9}$）级，产品的规格向着大型化方向发展。

### 4. 新型建筑材料

新型建筑材料主要包括新型墙体材料、化学建材、新型保温隔热材料、建筑装饰装修材料等。新型建材的趋势正向环保、节能、多功能化方向发展。其中新型玻璃的发展趋势是向着功能型、实用型、装饰型、安全型和环保型五个方向发展，包括对玻璃原片进行表面改性或精加工处理、节能的低辐射和阳光控制低辐射膜玻璃等；此外，还包括节能、环保的新型房建材料，以及满足工程特殊需要的特种系列水泥等。

### 5. 生态环境材料

生态环境材料是在人类认识到生态环境保护的重要战略意义和世界各国纷纷走可持续发展道路的背景下提出来的，一般认为生态环境材料是既具有满意的使用性能同时又被赋予优异的环境协调性的材料。

这类材料的特点是消耗的资源和能源少，对生态和环境污染小，再生利用率高，而且从材料制造、使用、废弃直到再生循环利用的整个寿命过程，都与生态环境相协调。主要包括：环境相容材料，如纯天然材料（木材、石材等），绿色包装材料（绿色包装袋、包装容器），生态建材（无毒装饰材料等）；环境降解材料（生物降解塑料等）；环境工程材料，如环境修复材料，环境净化材料（分子筛、离子筛材料），环境替代材料（无磷洗衣粉助剂）等。

生态环境材料研究热点和发展方向包括再生聚合物（塑料）的设计、材料环境协调性评价的理论体系、降低材料环境负荷的新工艺，新技术和新方法等。

## 1.2 设计材料的分类

产品设计所涉及的材料范围十分广泛，材料的分类方法也很多，下面是几种常用的分类方法。

### 1.2.1 按材料的加工度来分

设计材料按照人们对其加工的程度可分为如下几种。

### 1. 天然材料

自然界原本就有未经加工或基本不加工就可直接使用的材料。如棉、麻、丝、毛、皮革、石、木材等，如图1-7和图1-8所示。

图1-7　木材　　　　　　　　　　　　　　　图1-8　石材

### 2. 加工材料

利用天然材料经过不同程度的加工而得到的材料，如纸、水泥、金属、陶瓷、玻璃等。

图1-9　艺术玻璃制品　　　　　　　　　　　图1-10　陶瓷制品

### 3. 合成材料

合成材料又称人造材料，是人为地把不同物质经化学方法或聚合作用加工而成的自然界中不存在的材料，其特质与原料不同，如塑料、合成纤维和合成橡胶等，产品设计中应用最多的合成材料是塑料，如图1-11和图1-12所示。

图1-11　塑料颗粒　　　　　　　　　　　　图1-12　塑料制品

**4. 复合材料**

复合材料是指由两种或两种以上不同性质的材料，通过物理或化学的方法，在宏观上组成具有新性能的材料。各种材料在性能上互相取长补短，产生协同效应，使复合材料的综合性能优于原组成材料，从而满足各种不同的要求。

## 1.2.2 按材料的物质结构来分

按照材料的物质结构，材料可分为如下几种。

**1. 金属材料**

金属材料是以金属元素或以金属元素为主构成的具有金属特性的材料的统称，包括纯金属、合金和特种金属材料等。

**2. 无机材料**

无机材料是由无机物单独或混合其他物质制成的材料，如陶瓷、玻璃等。

**3. 有机材料**

有机材料通常是指有机高分子材料，如棉、毛、丝、塑料、橡胶等都是最常用的有机材料。

**4. 复合材料**

复合材料是由两种或两种以上不同性质的材料复合而成的材料。

## 1.2.3 按材料的形态来分

产品设计材料为了使用和加工方便，往往事先加工成一定的形状，按这些形状材料可分为如下几种。

**1. 颗粒材料**

主要是指粉末或颗粒状等细小状材料。

**2. 线状材料**

通常是指如管材、棒材、木条、金属丝、竹条、藤条等细而长的材料，如图 1-13 和图 1-14 所示。

图1-13　线状材料　　　　　　　图1-14　线材的造型

### 3. 板状材料

板状材料是指面积比较大而且厚度比较小的材料，如金属板、木板、塑料板等，如图 1–15 和图 1–16 所示。

图1-15　胶合板制品　　　　　　　　　　图1-16　木板

### 4. 块状材料

块状材料是指厚度比较大的材料，如石材、泡沫塑料、铸铁、石膏等，如图 1–17 所示。

图1-17　块状材料的造型

## 1.3　设计材料的性能

材料由于本身的组成和结构不同，使得其性能也不同，材料的性能是指材料在使用条件下表现出来的物理、化学、力学方面的性能，这些性能往往受外界环境的影响。

### 1.3.1　材料的物理性能

材料的物理性能主要表现在以下几个方面：

### 1. 密度

密度是物质的一种特性，不随质量和体积而变化。某种物质的质量和其体积的比值，即单位体积的某种物质的质量，称为这种物质的密度。密度通常用 $\rho$ 表示，其公式如下：

$$\rho = m \big/ v$$

$\rho$—材料的密度；

$m$—材料的质量，单位为 kg；

$v$—材料的体积。

如表 1-1 所示是部分常见物质的密度，由表可知，不同的物质其密度的差异是很大的。

表1-1　常见物质密度（常温、标准大气压下）　　　　　单位：g/cm³

| 名　称 | 密　度 | 名　称 | 密　度 |
| --- | --- | --- | --- |
| 水 | 1.00 | 水银（汞） | 13.60 |
| 玻璃 | 2.60 | 铝 | 2.70 |
| 煤油 | 0.8 | 镁 | 1.74 |
| 石蜡 | 0.9 | 锌 | 7.15 |
| 酒精 | 0.79 | 汽油 | 0.75 |
| 干松木 | 0.5 | 氢气 | 0.00009 |
| 金 | 19.30 | 氮气 | 0.00125 |
| 银 | 10.50 | 氧气 | 0.00143 |
| 铜 | 8.90 | 空气 | 0.00129 |
| 铁 | 7.86 | 聚乙烯 | 0.92～0.96 |
| 铅 | 11.40 | 聚氯乙烯 | 1.22～1.7 |
| 钛 | 4.5 | 聚四氟乙烯 | 2.1～2.3 |

**2．熔点**

熔点是物体由固态转变（熔化）为液态的温度。进行相反转变（即由液态转为固态）的温度，称为凝固点。大多数情况下一个物体的熔点就等于凝固点。晶体物质有特定的熔点，非晶体则没有熔点。

物质的熔点并不是固定不变的，有两个因素对熔点影响很大。一个因素是压强，通常所说的物质的熔点，是指一个大气压时的情况；如果压强变化，熔点也会发生变化。熔点随压强的变化有两种不同的情况，对于大多数物质，熔化过程是体积变大的过程，当压强增大时，这些物质的熔点会升高；对于像水这样的物质，与大多数物质不同，冰熔化成水的过程体积要缩小（金属铋、锑等也是如此），当压强增大时冰的熔点会降低。另一个因素就是物质中的杂质，通常所说的物质的熔点，是指纯净的物质。但在现实生活中，大部分物质都含有其他物质（即杂质），即使数量很少，物质的熔点也会有很大的变化，例如，水中溶有盐，熔点就会明显下降，海水就是溶有盐的水，海水冬天结冰的温度比河水低，就是这个原因。金属材料中加入其他物质也会使熔点发生变化。通常我们把熔点低于 700℃ 的金属称为易熔金属。

对于纯粹的有机化合物，一般都有固定熔点。即在一定压力下，固－液两相之间的变化都是非常敏锐的，初熔至全熔的温度不超过 0.5~1℃（熔点范围或称熔距、熔程）。但如果混有杂质则其熔点会下降，且熔距也较长。因此熔点测定是辨认物质本性的基本手段，也是纯度测定的重要方法之一。部分物质的熔点如表1-2所示。

表1-2　部分物质的熔点（单位：℃，标准大气压下）

| 名　　称 | 熔　点 | 名　　称 | 熔　点 |
|---|---|---|---|
| 碳（金刚石） | 3550 | 铜 | 1083 |
| 钨 | 3410 | 金 | 1064 |
| 铂 | 1772 | 银 | 962 |
| 铁 | 1535 | 铝 | 660 |
| 灰铸铁 | 1200 | 镁 | 649 |
| 锌 | 420 | 铅 | 328 |
| 锡 | 232 | 水 | 0 |
| 水银 | −38.87 | | |

### 3. 比热容

比热容是单位质量的某种物质升高单位温度所需的热量。其国际单位制中的单位是焦耳每千克开尔文（J/kg·K），即 1kg 的物质温度上升 1℃所需的能量。

### 4. 热胀系数

材料由于温度的变化而产生的膨胀或收缩，称为材料的热膨胀性，温度升高 1℃，膨胀量与原物理量之比，称为热胀系数，热胀系数分线热胀系、面热胀系数和体热胀系数。

线热胀系数

$$\alpha = \frac{L_1 - L}{L\Delta T}$$

式中，$L_1$ 为材料膨胀后的长度，$L$ 为材料膨胀前的长度。

### 5. 热导率

热导率又称"导热系数"，是物质导热能力的量度，其定义为：在物体内部垂直于导热方向取两个相距 1 米、面积为 1 平方米的平行平面，若两个平面的温度相差 1K，则在 1 秒内从一个平面传导至另一个平面的热量就规定为该物质的热导率，其单位为瓦 / 米·开（W/m·k）。热导率越大，物质的导热性能越好，反之越差。

金属的热导率为 50 ~ 415，是热的良导体，塑料、木材、玻璃等导热率较小，是热的不良导体，绝热材料的导热率为 0.03 ~ 0.17，液体的导热率为 0.17 ~ 0.7，气体的导热率为 0.007 ~ 0.17，碳纳米管的导热率高达 1000 以上。

### 6. 耐热性

耐热性是指物质在受热的条件下仍能保持其优良的物理机械性能的性质。常用材料的最高使用温度来表征，对不同的材料有不同的标准和测试方法。晶体材料以熔点来表示，如金属材料；非晶体材料由于没有固定的熔点，通常用转化温度来表示，如塑料、橡胶等。

### 7. 耐燃性

材料对火焰和高温的抵抗能力，根据材料的耐燃能力可分为不燃材料、可燃材料和易燃材料。有些材料在自然环境下是很难燃烧的，如大多数金属材料、石材等，属于不然材料；有些材料在自然环境下很容易燃烧，如汽油、酒精、磷等，属于易燃材料；塑料、橡胶、木材在一定的条件下容易燃烧，属于可燃材料。

### 8. 耐火性

耐火性又称耐熔性，是指材料长期抵抗高热而不熔化的性能，耐火材料在高温下应不变形，承载能力强。材料按耐火性可分为耐火材料、难溶材料和易熔材料。

### 9. 电性能

（1）导电性：物体传导电流的能力称为导电性。通常用导电率来衡量物体的导电性，导电率大的物体导电性好，导电率小的物体导电性差。金属材料的导电性能较好，称为电的良导体，如铜、银、铝等，常被用做传输电力或信息材料。

（2）绝缘性：就是使用不导电的物质将带电体隔离或包裹起来的特性，通常用电阻率、介电常数、击穿强度来表示，电阻率是导电率的倒数，电阻率越大材料的绝缘性越好；介电常数越小，材料的绝缘性越好，击穿强度越大，材料的绝缘性越好。如塑料、橡胶等材料导电性能极差，称为绝缘材料，常被作为隔绝电力或信息的材料料使用。

### 10. 磁性能

磁性能是指金属材料在磁场中被磁化而呈现磁性强弱的性能。按磁化程度可分为如下3种。

- 铁磁材料：铁磁性材料即使在较弱的磁场内，也可得到极高的磁化强度，如铁、镍、钴等。
- 顺磁性材料：顺磁性材料的磁化率一般很小，只能被微弱磁化，如锰、铬、钼等。
- 抗磁性材料：能够抗拒或减弱外加磁场作用的材料，如铜、金、银、铅等。

### 11. 光性能

光性能是指材料对光的反射、折射、投射的性质，如材料的透射率高，则材料为透明度好的材料，若材料的反光率高，则材料为高光材料。如玻璃、聚苯乙烯塑料、有机玻璃等材料都具有很好的透光性，是透明度好的材料，通常称为透明材料；经过光整加工的金属材料、镜面等具有很高的反光率，是高光材料。

## 1.3.2 材料的力学性能

材料的力学性能反映了材料承受外部载荷的能力，力学性能好的材料往往可以以较小的尺寸承受较大的载荷。材料的力学性能不仅直接影响材料的使用性能，而且与材料成型工艺也有着密切的联系，材料的力学性能主要从以下几个方面衡量。

### 1. 抗压强度

抗压强度是指材料在承受静压力条件下的最大承载能力，其单位是 $N/mm^2$。

### 2. 抗拉强度

抗拉强度是指材料在静拉伸条件下的最大承载能力，强度极限，其单位是。

### 3. 弹性和塑性

材料在外力作用下会产生变形，除去外力后能恢复原来形状不变，这种变形称为弹性变形，材料能承受的弹性变形的能力称为弹性，材料所能承受的弹性变形量越大，材料的弹性越好。

材料在外力作用下会产生变形，除去外力后仍保持变形后的形状不变，这种变形称为塑性变形，材料所能承受的塑性变形的能力称为塑性，材料所能承受的塑性变形量越大，材料的塑性越好。

### 4. 脆性和韧性

材料在外力作用下（如拉伸、冲击等）仅产生很小的变形即断裂破坏的性质，称为脆性；材料在外力作用下（如拉伸、冲击等）产生很大的变形而不被破坏的性质，称作韧性。韧性越好，发生脆性断裂的可能性越小。韧性好的材料比较柔软，它的拉伸断裂伸长率、抗冲击强度较大；硬度、拉伸强度和拉伸弹性模量相对较小。

### 5. 硬度

材料局部抵抗硬物压入其表面的能力称为硬度。硬度是固体材料对外界物体入侵的局部抵抗能力，也是比较各种材料软硬的指标。由于规定了不同的测试方法，所以有不同的硬度标准。各种硬度标准的力学含义不同，相互不能直接换算，但可通过试验加以对比。硬度分为划痕硬度、压入硬度和回跳硬度。

- 划痕硬度：主要用于比较不同矿物的软硬程度，测试方法是选一根一端硬一端软的棒，将被测材料沿棒划过，根据出现划痕的长短确定被测材料的软硬。硬物体划出的划痕长，软物体划出的划痕短。

- 压入硬度：测试方法是用一定的载荷将规定的压头压入被测材料，以材料表面局部塑性变形的大小比较被测材料的软硬。由于压头、载荷及载荷持续时间的不同，压入硬度有多种，主要有布氏硬度、洛氏硬度、维氏硬度和显微硬度等几种。

- 回跳硬度：测试方法是使用一个特制的小锤从一定高度自由下落冲击被测材料的试样，并以试样在冲击过程中储存（继而释放）应变能的多少（通过小锤的回跳高度测定）确定材料的硬度。

以上 3 种硬度应用最广泛的是压入硬度。

### 6. 耐磨性

耐磨性是指材料在一定摩擦条件下抵抗磨损的能力，以磨损率的倒数来评定。

### 1.3.3 材料的化学性能

材料的化学性能是由材料的组成和内部分子结构决定的，不同化学性能的材料，对于产品的耐腐蚀性、使用寿命以及使用环境有着重要意义。

#### 1. 耐腐蚀性

材料抵抗周围介质腐蚀破坏作用的能力称为耐腐蚀性。耐腐蚀性是由材料的成分、化学性能、组织形态等决定的。钢中加入可以形成保护膜的铬、镍、等，可制成不锈钢，其耐腐蚀性明显提高。

#### 2. 耐氧化性

耐氧化性是指材料在常温或高温下抵抗氧化作用的能力。

#### 3. 耐候性

耐候性是指材料曝露在日光、风雨等气候条件下能保持本身物理化学性能的性能。

## 复习思考题

1. 设计材料按加工度来分，有哪几类？

2. 设计材料按物质结构来分，有哪几类？

3. 设计材料按形态来分，有哪几类？

4. 设计材料的物理性能主要有哪些？

5. 设计材料的化学性能主要有哪些？

6. 设计材料的力学性能主要有哪些？

# 第2章
# 材料的表面处理

**本章重点：**

- ◆ 材料表面处理的目的及分类。
- ◆ 材料表面处理之前应做的预备工作。
- ◆ 常用的镀层被覆材料和镀覆方法。
- ◆ 常用有机涂料及涂装方法。
- ◆ 珐琅被覆的种类和应用。
- ◆ 常用金属表面的改质处理和表面精加工的方法。

**学习目标：**

- ◆ 通过学习本章，掌握材料表面处理的基本知识，掌握常用表面涂覆材料的特性，施工工艺，掌握各种表面处理的特点及使用范围。

## 2.1　材料表面处理的目的

产品设计是人与产品取得最佳匹配的活动，产品与人的直接关系往往表现在视觉特性与触觉特性上，而视觉特性与触觉特性是通过产品的表面表现出来的，诸如产品的色彩、光泽、纹理、质地等设计要素都是通过产品的表面加工工艺来实现的，所以产品的表面处理工艺在产品设计与生产中起着极其重要的作用。

材料的表面处理方法有很多种，其目的第一是保护产品，有些材料在使用过程中受周边环境的介质侵蚀，会发生一些质的变化，如钢铁会生锈、木材会腐烂、塑料会老化，等等，恰当的表面处理可以隔绝这些材料与周边介质的接触，从而提高这些材料的使用寿命。表面处理的第二个目的是装饰产品。根据产品的设计要求，通过表面处理可以改变产品的表面形态、色彩、光泽、机理等，提高和改善表面的装饰效果。

通过表面处理技术，可以使相同的材料具有不同的感觉特性，如图2-1所示，同为铝材表面采用不同的处理工艺，却给人以不同的感觉。通过表面处理也可使不同的材料具有相同的感觉特性，例如，对塑料表面进行电镀就可以得到具有金属光泽的表面，与金属表面的感觉特性完全相同。通过表面涂覆工艺，可以使金属表面获得仿木纹、仿皮革、纺织物等各种机理的表面。

图2-1　相同材料表面处理不同感觉不同

## 2.2　材料表面处理的分类

材料表面处理的方法很多，按处理的性质不同产品设计中常用的表面处理技术，可分为如下3类。

### 1. 表面被覆

表面被覆分为镀层被覆、涂层被覆和珐琅被覆。镀层被覆是在制品的表面镀覆一层具有金属特性的镀层；涂层被覆是在制品表面涂覆有机物层膜，干燥后得到表面涂层；珐琅被覆使用玻璃质材料在金属制品表面形成一层被覆层。

### 2. 表面层改质

通过化学处理或氧化技术改变原有材料表面的性质。

### 3. 表面精加工

通过切削、研磨、喷砂、抛光等技术对表面进行精加工，改变表面的质感，以达到设计的目的。

## 2.3　表面预处理

产品在进行表面处理之前，要对材料表面进行前期加工，清除表面的污物等，为表面处理工艺打好基础，以便取得良好的表面处理效果。

### 2.3.1　表面预处理的目的

金属或非金属在涂覆或表面改性之前都要进行表面预处理，其目的如下：

● 清理掉表面的污物，增强防护层的附着力，减少引起腐蚀破坏的因素，延长使用寿命。

● 为被覆工序或改性工序顺利进行创造条件。

● 充分保证防护层的装饰效果，是保证防护层质量的重要环节。

### 2.3.2　表面清理方法

常用的表面清理方法有碱液清洗、溶剂清理、化学清理和机械清理。

#### 1. 碱液清理

碱液清理主要用于除油，也可洗掉金属碎屑、浮渣，以及研磨料和碳渣等，配置碱液清洗液长用材料有氢氧化钠、碳酸钠、磷酸三钠、硅酸钠等，过去应用较多的方法是，依靠接触较长的时间、加热到一定温度、较高的化学浓度和机械搅拌来产生清理效果，一般在70 ~ 100℃之间操作。低温法在效果上和制造成本上与传统的碱液法相同，但可以节省能源，采用这种方法时加入极少量的新型表面溶剂，使得在清理过程中污垢容易溶解在清理液内的各种添加剂中，能大大增强碱金属的碳酸盐类、磷酸盐类和硅盐类的清洗效果。

#### 2. 溶剂清理

溶剂清理是利用石油溶剂、芳烃溶剂（如甲苯、二甲苯）、卤代烃溶剂（如二氯乙烷、三氯乙烯）等溶剂溶解制品表面的油污以达到去油污的目的，主要有冷清理法和蒸汽除油法。冷清理适用于批量小的大型工件，但消耗煤油、汽油较多，蒸汽除油法适用于各种金属的工件。

### 3. 化学清理

化学清理是指利用酸溶液和铁的氧化物发生化学反应，将表面锈层溶解、剥离以达到除锈的目的，所以又称"酸洗"除锈。常用于小型工件及形状复杂工件的除锈，效率很高，但对钢铁有微量溶解损失和出现氢脆现象。其大体工艺过程是将脱脂洗净后的钢材放进酸洗槽内，将氧化皮和铁锈浸渍除掉，用水洗净后再用碱液将残余的酸液加以中和，以防残余酸液对钢材的腐蚀，最后用冷水冲洗干净。

化学除锈的配方很多，通常用 7% ~ 15%（或加入 5% 的食盐）的硫酸溶液作为酸洗除锈液。此外，还可用磷酸、硝酸、盐酸等配制成不同的酸洗除锈液。酸洗的方法很多，通常采用浸渍酸洗法、喷射酸洗法，此外，还可采用酸洗膏处理，应视具体条件而定。

### 4. 机械清理

机械清理是借助于机械力除去金属或非金属表面的污物，如油污、腐蚀产物、杂物等，以获得洁净的表面，机械清理的方法有如下 4 种。

- 手工清理：用铁砂纸、刮刀、铲刀、钢丝刷等手工工具除去污物。此法劳动强度大，生产效率低，但操作简便灵活，被广泛采用。

- 机械除污：利用机械动力的冲击和摩擦作用除去污物，最常用的机械有风动刷、除锈枪、电动刷、电砂轮等。小型钢铁零件可以装入盛有黄砂或木屑的木桶内，以 40 ~ 60r/min的速度运动，借碰撞摩擦作用将污物除掉。

- 喷射除污：此法主要用在金属制品上。用机械离心力或压缩空气、高压水等为动力，将磨料（砂石或铁丸）通过专用喷嘴，以很高的速度喷射到工件表面上，凭其冲击力、摩擦力除去污物（包括已损坏的旧漆皮）和锈蚀，此方法效率高，处理质量好。经喷砂后的钢铁表面稍带锯齿形，可增加涂膜和钢铁表面的结合力。但其粗糙度绝对不能超过涂膜厚度的1/3。常用的喷砂除污方法有干法喷砂、湿法喷砂、无尘喷砂和高压水喷砂等。

- 火焰除锈：利用钢铁和氧化皮的热膨胀系数不同，常用氧化乙炔燃烧器加热钢铁使其氧化皮脱落。主要用于厚型钢铁物件及大型铸件等，不能用于薄钢材、小铸件及非金属制品，否则，工件将会受热变形甚至损坏而影响质量。

### 5. 表面精整

有些制品在表面进行装饰以前需清除表面的粗糙状态，如去除毛刺、沙眼、划痕、砂眼等，以获得平坦、光滑、光亮的表面，这就需要通过表面精整工序来完成。表面精整的方法有如下两种。

- 磨光：利用磨光轮或砂纸等对制品表面进行加工，去掉表面的毛刺、焊渣等，以获得平整、光滑的表面。

- 抛光：抛光是利用机械、化学或电化学的作用，使工件表面粗糙度降低，以获得光亮、平整表面的加工方法。

机械抛光是利用柔性抛光工具和磨料颗粒或其他抛光介质对工件表面进行的修饰加工。抛光不能提高工件的尺寸精度或几何形状精度，而是以得到光滑表面或镜面光泽为目的，有时也用于消除光泽（消光），通常以抛光轮作为抛光工具。抛光轮一般用多层帆布、毛毡或皮革叠制而成，两侧用金属圆板夹紧，其轮缘涂敷由微粉磨料和油脂等均匀混合而成的抛光剂。抛光时，高速旋转的抛光轮压在工件的表面，使磨料对工件表面产生滚压和微量切削，从而获得光亮的加工表面。

除了机械抛光以外，还有化学抛光和电解抛光等方法。

## 2.4 镀层被覆

镀层被覆是指在制品表面形成具有金属特性的镀层，金属镀层不仅可以提高制品的耐腐蚀性、耐磨性，而且可以增强制品的表面色彩、光泽和肌理的装饰效果。镀层被覆的方法有电镀、浸镀、化学镀等，目前工业上应用最多的是电镀，某些熔点比较低的金属可以采用浸镀的方法。

### 2.4.1 电镀

电镀是指在含有欲镀金属的盐类溶液中，以被镀基体金属为阴极，通过电解作用，使镀液中欲镀金属的阳离子在基体金属表面沉积出来，形成镀层的一种表面加工方法。电镀层比热浸镀层均匀，一般都较薄，从几微米到几十微米不等。通过电镀，可以在制品上获得装饰保护性和各种功能性的表面层。镀层大多是单一金属或合金，如钛钯、锌、铬、金、黄铜、青铜等；也有覆合层，如在钢铁上镀铜 – 镍 – 铬层。电镀的基体材料除钢铁等金属材料外，还有非金属材料，如 ABS 塑料、聚丙烯塑料、聚砜和酚醛塑料等，但塑料电镀前，必须经过特殊的活化和敏化处理。电镀工艺过程一般包括电镀前预处理、电镀及镀后处理三个阶段，电镀原理示意如图 2-2 所示。

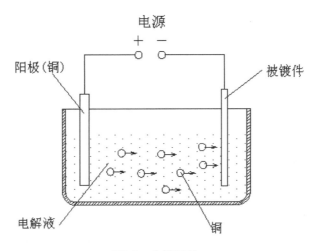

图2-2 电镀原理

电镀的工艺要求如下：

- 镀层与基体金属、镀层与镀层之间，应有良好的结合力。
- 镀层结晶应细致、平整、厚度均匀。
- 镀层应具有规定的厚度和尽可能少的孔隙。
- 镀层应具有规定的各项指标，如光亮度、硬度、导电性等。

## 2.4.2　常用金属表面镀覆

为了实现金属表面镀覆的目的，金属表面镀层材料应选择化学性能稳定、耐磨、色泽美观、工艺性能优良的材料，常用的金属表面镀覆有以下几种。

### 1. 镀铬

铬是一种微带天蓝色的银白色金属，具有很强的钝化性能，在大气中很快钝化，显示出具有贵金属的性质，铬层在大气中很稳定，能长期保持其光泽，在碱、硝酸、硫化物、碳酸盐及有机酸等腐蚀介质中非常稳定，但可溶于盐酸和热的浓硫酸中。

铬层硬度高，耐磨性好，反光能力强，有较好的耐热性。在 500℃以下光泽和硬度均无明显变化；温度大于 500℃开始氧化变色；大于 700℃才开始变软。

如图 2-3 所示为镀铬制品。

### 2. 镀铜

镀铜层呈粉红色，质柔软，具有良好的延展性、导电性和导热性，易于抛光，经适当的化学处理可得古铜色、铜绿色、黑色和本色等装饰色彩。镀铜在空气中易失去光泽，与二氧化碳或氧化物作用，表面会生成一层碱式碳酸铜或氧化铜膜层，受到硫化物的作用会生成棕色或黑色硫化铜，因此，做为装饰性的镀铜需在表面涂覆有机覆盖层。

如图 2-4 所示为镀铜制品。

图2-3　镀铬制品　　　　　　　　　图2-4　镀铜制品

### 3. 镀锡

锡具有银白色的外观，熔点为 232℃，镀锡的薄铁板俗称"马口铁"。锡具有抗腐蚀、无毒、易焊结、柔软和延展性好等优点。锡镀层有如下特点：

- 化学稳定性高。

- 锡只有在镀层无孔隙时才能有效地保护基体。

- 锡导电性良好。

- 锡从−130℃起结晶开始发生变异，到−300℃将完全转变为一种晶型的同素异构体，俗称"锡瘟"，此时已完全失去锡的性质。

- 锡在高温、潮湿和密闭条件下能长成晶须，称为长毛。

- 镀锡后在232℃以上的热油中处理，可获得有光泽的花纹锡层，可作日用品的装饰镀层。

4. 镀锌

锌是一种浅灰色的金属，易溶于酸，也能溶于碱，故被称为两性金属。锌在干燥的空气中几乎不发生变化。在潮湿的空气中，锌表面会生成碱式碳酸锌膜。在含二氧化硫、硫化氢及海洋性气氛中，锌的耐蚀性较差，尤其在高温高湿含有机酸的环境中，锌镀层极易被腐蚀。锌镀层属于阳极性镀层，能起到电化学保护作用，由于成本低廉，被广泛用于防止钢铁的腐蚀，其防护性能的优劣与镀层厚度关系甚大。

锌镀层经钝化处理、染色或涂覆护光剂后，能显著提高其防护性和装饰性。近年来，随着镀锌工艺的发展，高性能镀锌光亮剂的采用，镀锌已从单纯的防护目的转变为装饰性应用。

镀锌除了电镀法以外还有热镀法，热镀锌又称热浸锌和热浸镀锌，是一种有效的金属防腐方式，将除锈后的钢件浸入500℃左右熔化的锌液中，使钢构件表面附着锌层，从而起到防腐的目的。热镀锌是由较古老的热镀方法发展而来的，自从1836年法国把热镀锌应用于工业以来，已经有140年的历史了。近30年来伴随冷轧带钢的飞速发展热镀锌得到了大规模发展，成为了现在钢板表 面镀锌的主要方法。

5. 镀镍

镍是一种微黄色的金属，电镀镍层在空气中的稳定性很高，由于镍具有很强的钝化能力，在表面能迅速生成一层极薄的钝化膜，能抵抗大气、碱和某些酸的腐蚀。电镀镍结晶细致，具有优良的抛光性能。经抛光的镍镀层可得到镜面般的光泽外表，同时在大气中可长期保持其光泽。所以，镀镍是一种非常好的装饰方法。镍镀层的硬度比较高，可以提高制品表面的耐磨性，尤其是近几年来发展起来的复合电镀，可沉积出夹有耐磨微粒的复合镍镀层，其硬度和耐磨性比镀镍层更高。

利用镀液中含有锌时会使镍发黑的特性，在镀液中加入一定量的锌盐和含硫物质可获得镀黑镍，被广泛用做装饰镀覆层和光学仪器、仪表上。镀镍也常作为其他镀层的中间镀层，在镀镍层上再镀一薄层铬，或镀一层仿金层，其抗蚀性更好，外观更美。

### 6. 镀银

银是一种白色光亮、可煅、可塑具有极强反光能力的金属，其硬度比铜差，比金高。常温下，甚至加热时也不与水和空气中的氧作用。但当空气中含有 $H_2S$ 时，银的表面会失去银白色的光泽，这是因为银和空气中的 $H_2S$ 反应生成黑色 $Ag_2S$ 的缘故。镀银比镀金价格便宜得多，而且具有很高的导电性，光反射性和对有机酸和碱的化学稳定性，故使用面比黄金广得多。早期主要用于装饰品和餐具上，近来在飞机和电子制品上的应用越来越多。

镀银的物体一般是铜或铜合金，若是在钢铁基体构件上镀银，则必须先镀上一层能防止金属免受腐蚀的其他金属（如铜），如果要获得光亮的镀银，则在镀前和镀后必须对零件进行精细的抛光处理。

### 7. 镀金

金是一种黄色、可煅、可塑性极好的金属，金质软，极易抛光，具有极高的化学稳定性，古代的金器到现在已经几千年了，仍然金光闪闪，把金放在盐酸、硫酸或硝酸（单独的酸）中，都安然无恙，不会被侵蚀。不过，由三份盐酸、一份硝酸（按体积计算）混合组成的"王水"，能溶解金。溶解后，蒸干溶液，可得到美丽的黄色针状晶体——"氯金酸"。

由于金的化学钝化作用极强，并具有精美的外观，因此金的装饰性能比其他金属优越得多，所以镀金被广泛用做装饰性镀层，但由于金的价格昂贵，使得它的应用受到了很大限制。

## 2.5 有机涂装

有机涂装即指利用有机涂料对金属、塑料、木材等材料加工成的制品，表面覆盖保护层或装饰层，有机涂装是一种重要的产品表面处理工艺。涂装质量的优劣直接反映了产品的外观质量，涂装不仅起到了产品防护、装饰的功能，而且也是构成产品价值的重要因素之一。

### 2.5.1 有机涂料

涂料是以高分子化合物为主要成膜物质所组成的。将其涂于物体表面，形成黏附牢固、具有一定强度、连续的固态薄膜。这样形成的膜通称涂膜，又称漆膜或涂层。涂料旧称油漆，由于早期多半是采用植物油为原料而得名，随着合成材料工业的发展，大部分植物油已被合成树脂所取代，故改称涂料。

涂料一般由主要成膜物质、颜料、成膜助剂与溶剂 4 部分组成。主要成膜物质是指所用各种树脂或油料可以单独成膜，也可以黏结颜料等物质共同成膜，所以也称黏结剂，是涂料的基础部分，因此又称基料、漆料或漆基。涂料用做室内外装饰材料，分为着色颜料和体质颜料，前者起着色的作用，后者为白色粉末，起填充与增强的作用。最后成为产品，涂料组成中没有颜料的透明体称为清漆，加有颜料的称为色漆（磁漆、调合漆、底漆）。以有机溶剂作稀释剂的称为溶剂型漆，以水作稀释剂的称为水性漆。

**1. 涂料的功能**

**1）保护功能**

物件暴露在大气之中，受到氧气、水分等的侵蚀，造成金属锈蚀、木材腐朽、水泥风化等破坏现象。在物件表面涂以涂料，形成一层保护膜，能够阻止或延迟这些破坏现象的发生和发展，能够起到防腐、防水、防油、耐化学品、耐光、耐温等作用，使各种材料的使用寿命延长。

**2）装饰功能**

不同材质的物件涂上涂料，可得到五光十色、绚丽多彩的外观，起到美化人类生活环境的作用，对人类的物质生活和精神生活做出不容忽视的贡献。

**3）其他功能**

现代的一些涂料品种能提供多种不同的特殊功能，例如，电绝缘、导电、屏蔽电磁波、防静电产生等作用；防霉、杀菌、杀虫、防海洋生物黏附等生物化学方面的作用；耐高温、保温、示温和温度标记方面的作用；反射光、发光、吸收和反射红外线、吸收太阳能、屏蔽射线、标志颜色等光学性能方面的作用；防滑、自润滑、防碎裂飞溅等机械性能方面的作用；还有防噪声、减振、卫生消毒、防结露、防结冰等各种不同作用等。随着国民经济的发展和科学技术的进步，涂料将在更多方面提供和发挥各种更新的特种功能。如图2-5所示为烤漆门。

图2-5 烤漆门

**2. 涂料的分类**

涂料的品种特别繁多，分类方法也很多，主要有以下几种。

● 按照涂料形态分：粉末涂料、液体涂料。

- 按成膜机理分：转化形、非转化型。
- 按施工方法分：刷、辊、喷、浸、淋、电泳。
- 按干燥方式分：常温干燥、烘干、湿气固化、蒸汽固化、辐射能固化。
- 按使用层次分：底漆、中层漆、面漆、腻子等。
- 按涂膜外观分：清漆、色漆；无光、平光、亚光、高光；锤纹漆、浮雕漆。
- 按使用对象分：汽车漆、船舶漆、集装箱漆、飞机漆、家电漆等。
- 按漆膜性能分：防腐漆、绝缘漆、导电漆、耐热漆等。
- 按成膜物质分：醇酸、环氧、氯化橡胶、丙烯酸、聚氨酯、乙烯等。

以上各种分类方法各具特点，但是无论哪一种分类方法都不能把涂料所有的特性都包含进去，所以世界上还没有统一的分类方法。我国的国家标准 GB 2705—1992，采用以涂料中的成膜物质为基础的分类方法。

**3. 常用涂料**

1）醇酸树脂漆

醇酸树脂漆是以醇酸树脂为主要成膜物质的合成树脂涂料。醇酸树脂是由脂肪酸（或其相应的植物油）、二元酸及多元醇反应而成的树脂。醇酸树脂涂料具有耐候性、附着力好和光亮、丰满等特点，且施工方便，得到了广泛的应用，其缺点是涂膜较软，耐水、耐碱性欠佳。醇酸树脂可与其他树脂配成多种不同性能的自干或烘干磁漆、底漆、面漆和清漆，广泛用于桥梁等建筑物、家具，以及机械、车辆、船舶、飞机、仪表等涂装。

2）酚醛树脂漆

酚醛树脂漆是以酚醛树脂或改性酚醛树脂与干性植物油为主要成膜物质的涂料。

按所用酚醛树脂种类的不同可将其分为醇溶性酚醛树脂涂料、油溶性纯酚醛树脂涂料、改性酚醛树脂涂料、水溶性酚醛树脂涂料 4 类。此类漆干燥快、硬度高、耐水、耐化学腐蚀，但性脆，易泛黄，不宜制作白漆。用于木器家具、建筑、机械、电机、船舶和化工防腐等方面。

3）硝基漆

硝基漆是目前比较常见的木器及装修用涂料。硝基漆的主要成膜物是以硝化棉，配合醇酸树脂、改性松香树脂、丙烯酸树脂、氨基树脂等软硬树脂共同组成。一般还需要添加邻苯二甲酸二丁酯、二辛酯、氧化蓖麻油等增塑剂。溶剂主要有酯类、酮类、醇醚类等真溶剂，醇类等助溶剂以及苯类等稀释剂。硝基漆主要用于木器及家具的涂装、家庭装修、一般装饰涂装、金属涂装等方面。其优点是装饰作用较好，施工简便，干燥迅速，对涂装的环境要求不高，具有较好的硬度和亮度，不易出现漆膜弊病，修补容易。缺点是固体含量较低，需要多次喷涂才能达到较好的效果；耐久性不太好，尤其是内用硝基漆，其保光保色性不好，使用时间稍长就容易出现诸如失光、开裂、变色等弊病；漆膜保护作用不好，不耐有机溶剂、不耐热、不耐腐蚀。

4）聚酯漆

聚酯涂料，也就是通称的"钢琴漆"、不饱和聚酯漆。它是一种多组分漆，是用聚酯树脂为主要成膜物制成的一种厚质漆。聚酯漆为三组分：主剂、稀释剂、固化剂。主剂是不饱和聚酯的苯乙烯溶液，另外还有固化剂和促进剂（俗名兰水）。

聚酯漆的优点很多，不仅色彩十分丰富，而且漆膜厚度大，喷涂两三遍即可，并能完全把基层的材料覆盖，对基层材料的要求并不高。聚酯漆的漆膜综合性能优异，因为有固化剂，使漆膜的硬度更高，坚硬耐磨，丰富度高，耐湿热、干热，耐酸碱，耐油、溶剂及多种化学药品，绝缘性很高。清漆色浅，透明度和光泽度高，保光保色性能好，具有很好的保护性和装饰性。聚酯漆的缺点是不饱和聚酯漆的柔韧性差，受力时容易脆裂，一旦漆膜受损不易修复，故搬迁时应注意保护家具。

聚酯漆调配较麻烦，促进剂、引发剂比例要求严格。配漆后活化期短，必须在20~40min 内完成，否则会胶化而报废，因此要随配随用，用多少配多少。另外，其修补性能也较差，损伤的漆膜修补后有印痕。聚酯漆施工过程中需要使用固化剂，固化剂的分量占油漆总分量的三分之一，其主要成分是 TDI（甲苯二异氰酸酯，toluene diisocyanate）。这些处于游离状态的 TDI 会变黄，不但使家具漆面变黄，同样也会使邻近的墙面变黄，这是聚酯漆的一大缺点。目前市面上已经出现了耐黄变聚酯漆，但也只能做"耐黄"而已，还不能做到完全防止变黄的情况。另外，超出标准的游离 TDI 还会对人体产生伤害。游离 TDI 对人体的危害主要是致敏和刺激作用，包括造成疼痛流泪、结膜充血、咳嗽胸闷、气急哮喘、红色丘疹、斑丘疹、接触性过敏性皮炎等症状。国际上对于游离 TDI 的限制标准是控制在 0.5%以下。另外，聚氨酯漆和聚酯漆中的溶剂和稀释剂大多数是毒性很大的苯类物质，要保证空气流通。用聚氨酯漆装饰的住宅，最好通风干燥 15~30 天后再住进去。如图 2-6 所示是聚酯漆的应用。

图2-6　聚酯漆的应用

5）聚氨酯漆

聚氨酯漆是目前较常见的一类涂料，可以分为双组分聚氨酯涂料和单组分聚氨酯涂料。双组分聚氨酯涂料一般是由异氰酸酯预聚物（也叫低分子氨基甲酸酯聚合物）和含羟基树脂两部分组成，通常称为固化剂组分和主剂组分。这一类涂料的品种很多，应用范围也很广，根据含羟基组分的不同可分为丙烯酸聚氨酯、醇酸聚氨酯、聚酯聚氨酯、聚醚聚氨酯、环氧聚氨酯等品种。一般都具有良好的机械性能、较高的固体含量。是目前很有发展前途的一类涂料品种。主要应用在木器涂料、金属涂料、聚氨酯防水涂料等。聚氨酯涂料的缺点是施工工序复杂，对施工环境要求很高，漆膜容易产生弊病。单组分聚氨酯涂料主要有氨酯油涂料、潮气固化聚氨酯涂料、封闭型聚氨酯涂料等品种。主要用于地板涂料、防腐涂料等，其总体性能不如双组分涂料全面，应用面不如双组分涂料广。

6）氨基树脂漆

氨基树脂漆是以氨基树脂为主要成膜物的涂料。常用的氨基树脂有三聚氰胺甲醛树脂、脲醛树脂、烃基三聚氰胺甲醛树脂等。其特点是色浅，接近水白，需在 90 ~ 150℃加热成膜，所以需要采用烘干方式干燥成膜。氨基树脂涂料涂膜光亮、柔和、耐磨、耐用，但较脆。氨基树脂通常与其他树脂混合使用。醇酸树脂、丙烯酸树脂、环氧树脂、有机硅树脂、乙烯基树脂等都可与氨基树脂混合使用。氨基醇酸烘漆是目前使用最广的工业用漆。

## 2.5.2　常用涂装方法

1. 刷涂法

刷涂法是利用手工涂刷，蘸漆后把涂料刷涂到制件表面的一种涂装方法，其优点是，施工设备简单，仅需要涂刷，盛料容器即可，施工时不受制件形状和大小限制，适应性强；几乎所有涂料都可以采用涂刷进行施工。缺点是，手工操作，生产效率低，劳动强度大，涂刷质量与操作者技术水平和经验关系密切，施工质量稳定性差。

2. 喷涂法

利用机械设备，将涂料喷涂到制件的表面上的施工方法叫做喷涂法。

1）空气喷涂法

空气喷涂法是依靠压缩空气的气流将涂料雾化，并在气流的带动下将涂料带到制件上。其特点是效率高，作业性好，能得到均匀美观的漆膜，对各种漆都适用，但喷涂时漆雾飞散大，涂料利用率低，一般在 30% ~ 50% 之间，飞散的漆雾对环境污染严重，对人体危害较大。如图 2-7 所示是喷涂机。

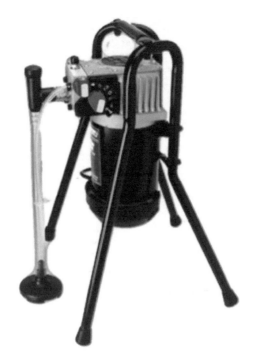

图2-7  喷涂机

2）静电喷涂

静电喷涂是利用高压静电电场使带负电的涂料微粒沿着与电场相反的方向定向运动，并将涂料微粒吸附在工件表面的一种喷涂方法。静电喷涂设备由喷枪、喷杯及静电喷涂高压电源等组成。工作时静电喷涂的喷枪或喷盘、喷杯，涂料微粒部分接负极，工件接正极并接地，在高压电源的高电压作用下，喷枪（或喷盘、喷杯）的端部与工件之间就形成一个静电场。涂料经喷嘴雾化后喷出，被雾化的涂料微粒通过枪口的极针或喷盘、喷杯的边缘时因接触而带电，这些带负电荷的涂料微粒在静电场作用下，向工件表面运动，并被沉积在工件表面上形成均匀的涂膜。

静电喷涂涂料的飞散量少，利用率高，一般在 70% ~ 80% 之间，减少污染，改善了劳动环境，并且漆膜附着力好，涂料雾化更细，提高了漆膜的质量，但由于静电屏蔽的作用，静电喷涂不适用于形状复杂的制件，对非导电材料不经特殊处理不能涂装。

3）粉末喷涂

粉末喷涂也称粉末涂装，是近几十年迅速发展起来的一种新型涂装工艺，所使用的原料是塑料粉末，如图 2-8 所示。近几年来由于各国对环境保护的重视，对水和大气没有污染的粉末喷涂得到了迅猛发展。粉末喷涂是用喷粉设备（静电喷塑机）把粉末涂料喷涂到工件的表面，在静电作用下，粉末会均匀地吸附于工件表面，形成粉状的涂层；粉状涂层经过高温烘烤流平固化，变成效果各异（粉末涂料的不同种类效果）的最终涂层；粉末喷涂的喷涂效果在机械强度、附着力、耐腐蚀、耐老化等方面优于喷漆工艺，成本也在同效果的喷漆之下。粉末喷涂具有以下特点。

图2-8　粉末喷涂

- 涂膜性能好：一次性成膜厚度可达50~150μm，用一般普通的溶剂涂料，需涂覆4~6次，而用粉末喷涂一次就可以达到该厚度。其附着力、耐蚀性等综合指标都比油漆工艺好。涂层的耐腐性能好。

- 粉末涂料不含溶剂，无三废公害，改善了劳动卫生条件。

- 采用粉末静电喷涂等新工艺，效率高，适用于自动流水线涂装，粉末利用率高，可达95%以上，且粉末回收后可多次利用。

- 除热固性的环氧、聚酯、丙烯酸外，尚有大量的热塑性树脂可作为粉末涂料，如聚乙烯、聚丙烯、聚苯乙烯、氟化聚醚、尼龙、聚碳酸酯及各类含氟树脂等。

- 成品率高：在未固化前，可进行二次重喷。

3. 电泳涂装

电泳涂装，是利用外加电场使悬浮于电泳液中的颜料和树脂等微粒定向迁移并沉积于电极之一的基底表面的涂装方法。电泳涂装是近30年来发展起来的一种特殊涂膜形成方法，是对水性涂料最具有实际意义的施工工艺。

电泳漆膜具有涂层丰满、均匀、平整、光滑的优点，电泳漆膜的硬度、附着力、耐腐性、抗冲击性能、渗透性能明显优于其他涂装工艺。

电泳表面处理工艺具有以下特点：

- 采用水溶性涂料，以水为溶解介质，节省了大量有机溶剂，大大降低了大气污染和环境危害，安全卫生，同时避免了火灾的隐患。

- 涂装效率高，涂料损失小，涂料的利用率可达90%~95%。

- 涂膜厚度均匀，附着力强，涂装质量好，工件各个部位如内层、凹陷、焊缝等处都能获得均匀、平滑的漆膜，解决了其他涂装方法对复杂形状工件缝隙和内层难以涂装的难题。

- 生产效率高，施工可实现自动化连续生产，大大提高劳动效率。

- 设备复杂，技术要求高，投资费用大，耗电量大，其烘干固化要求的温度较高，涂料、涂装的管理复杂，施工条件严格，并需进行废水处理。

- 只能采用水溶性涂料，在涂装过程中不能改变颜色，涂料贮存过久稳定性不易控制。

如图2-9所示为阴极电泳底漆涂装线。

图2-9　阴极电泳底漆涂装线

**4. 浸涂**

浸涂的操作方法是将被涂制品全部浸没在漆液中，待各部位都沾上漆液后将被涂制品从漆液中提起，并离开漆液，自然或强制使多余的漆液滴回到漆槽内，经干燥后在被涂制品表面形成涂膜。该方法只能用于颜色一致的涂装，不能套色，且被涂制品上下部的涂膜厚薄不均匀，溶剂挥发量大，易污染环境，涂料的损耗率也较大。

**5. 淋涂**

将涂料贮存于高位槽中，通过喷嘴或窄缝从上方淋下，呈帘幕状淋在由传送装置带动的被涂物上，形成均匀涂膜，多余的涂料流到下部容器中，通过泵送到高位槽中，循环使用。这种涂装方法适用于大批量生产的平板状、带状材料的涂装。通过喷嘴的大小或窄缝的宽度来控制产品上的涂膜的厚度。如涂膜较厚，从传送带经烘干箱出来的产品的涂膜就会出现气泡。如果太薄，产品就会出现露底，涂膜不均匀。为了增加涂膜在产品上的附着力，有些产品还需要进行加硫。为了增加涂膜的厚度，还需要对产品进行一次或几次淋涂和加硫。

## 2.6 珐琅被覆

珐琅被覆一种用玻璃粉、硼砂、石英等加铅、锡的氧化物烧制成的釉状物，涂在铜质或银质器物的表面，可以起到防锈和装饰作用。珐琅制品景泰蓝是我国特产的工艺品之一。

如图 2-10 所示为乾隆珐琅熏炉。

图2-10　乾隆珐琅熏炉

把珐琅被覆技术应用到工业制品上称为搪瓷，在金属表面进行瓷釉涂搪可以防止金属生锈，使金属在受热时不至于在表面形成氧化层并且能抵抗各种液体的侵蚀。搪瓷制品不仅安全无毒，易于洗涤洁净，可以广泛用做日常生活中使用的饮食器具和洗涤用具，而且在特定的条件下，瓷釉涂搪在金属坯体上表现出的硬度高、耐高温、耐磨及绝缘作用等优良性能，使搪瓷制品有了更加广泛的用途。瓷釉层还可以赋予制品以美丽的外表，装点人们的生活。搪瓷制品兼备了金属的强度和瓷釉华丽的外表及耐化学侵蚀的性能。搪瓷制品的金属基材可以是黑色金属，也可以是有色金属，如铜、银等。如图 2-11 所示是搪瓷壶，如图 2-12 所示是搪瓷洗脸盆。

图2-11　搪瓷壶　　　　　　　　　　图2-12　搪瓷洗脸盆

搪瓷制品大致可以分为以下几个类别：

- 器皿类搪瓷，主要包括盆类、杯类、盘类、桶类、碗类、罐类、锅类、痰盂类和其他器皿类搪瓷制品，如医用针盆、花瓶、糖盒、茶具盒、烟灰缸等。
- 厨房用具类搪瓷，主要包括厨柜与厨房设施、抽油烟机、搪瓷煤气灶、烤箱灶、消毒柜、搪瓷啤酒罐和储水箱等。
- 卫生洁具类搪瓷，主要包括搪瓷浴缸、淋浴盆等。
- 医用类搪瓷，主要包括辐射电磁治疗器、齿科瓷釉等。
- 建筑装饰类搪瓷，主要包括墙体板材、艺术壁挂取暖器、铸铁搪瓷漏子、普通搪瓷标牌、发光搪瓷标牌、搪瓷教学白板等。
- 电子搪瓷类制品，主要包括电子搪瓷基板、电热膜搪瓷等。
- 搪玻璃类制品，搪玻璃与普通薄钢板搪瓷相比，硅含量明显增加，其性能更加接近玻璃，能耐各种浓度的无机酸、有机酸、弱碱和有机溶剂的腐蚀。

## 2.7 金属的表面改质处理

金属的表面改质处理，可以通过化学或电化学的方法形成氧化膜或无机盐覆盖膜来改变材料表面的性能，提高原有材料的耐腐蚀性、耐磨性及色泽等。常用的处理方法主要有化学处理和阳极氧化处理。

### 2.7.1 化学处理

通过氧或碱液的作用使金属表面形成氧化物或无机盐覆盖膜的过程，经过化学处理后，形成的覆盖膜对基体材料具有保护性、耐磨性，并对基体材料有着良好的附着力。钢铁材料的发蓝处理是最常用的金属化学处理方法之一。

钢铁经过处理以后，可产生一层黑色发亮的表面，这个处理过程称作发蓝。钢铁零件的发蓝，常用的方法是将钢铁零件放在加有亚硝酸钠的浓苛性钠溶液中加热，会在零件的表面形成蓝黑色的四氧化三铁。发蓝时的溶液成分、反应温度和时间依钢铁基体的成分而定。发蓝膜的成分主要是四氧化三铁，厚度为 0.5～1.5μm，颜色与材料成分和工艺条件有关，有灰黑、深黑、亮蓝等。单独的发蓝膜抗腐蚀性较差，但经涂油涂蜡或涂清漆后，抗蚀性和抗摩擦性都有所改善。发蓝时，工件的尺寸和光洁度对质量影响不大。故常用于精密仪器、光学仪器、工具、硬度仪等。

"发蓝"主要以碳钢为主，45# 钢"发蓝"后为黑色；30Cr"发蓝"后为棕色。

### 2.7.2 阳极氧化处理

将金属或合金的制件作为阳极，采用电解的方法使其表面形成氧化物薄膜。金属氧化物薄膜改变了表面状态和性能，如表面着色，提高耐腐蚀性、增强耐磨性及硬度，保护金属表面等。例如，铝阳极氧化，将铝及其合金置于相应电解液（如硫酸、铬酸、草酸等）中作为阳极，在特定条件和外加电流作用下，进行电解。阳极的铝或其合金氧化，表面上形成氧化铝薄层，其厚度为 5 ~ 20μm（硬质阳极氧化膜可达 60 ~ 200μm）。其硬度和耐磨性都远高于铝或铝合金，具有良好的耐热性，硬质阳极氧化膜熔点高达 2320K，具有优良的绝缘性，耐击穿电压高达 2000V，增强了抗腐蚀性能。氧化膜薄层中具有大量的微孔，微孔吸附能力强，可着色成各种美观艳丽的色彩。有色金属或其合金（如铝、镁及其合金等）都可进行阳极氧化处理，这种方法广泛用于机械零件，飞机汽车部件，精密仪器及无线电器材，日用品和建筑装饰等方面。目前阳极氧化技术主要应用在铝合金制品上。如图 2-13 所示为阳极氧化的铝制水壶。

图2-13　阳极氧化的铝制水壶

## 2.8 表面精加工

表面精加工就是利用机械对制品表面进行切削加工，从而改变制品的表面形态、结构，获得人为质感的一种表面装饰的方法。表面精加工的特点是：不利用装饰材料来掩饰基体材料，而是显露出基体材料的原状，这种做法的实质就是人为地改变材料的表面形态构造，从而获得新的肌理形式，它既是质感美的表现，也是工艺美的表现。

材料表面精加工，通常采用精车、精刨、精铣、精磨和抛光等各种加工方法，对材料表面进行加工而获得不同的触觉质感和视觉质感。加工方法不同，效果也不同，如用车床车削盘类零件的端面，车削留下的圆弧线，能产生美丽的旋光。在铣床上用端面铣刀铣削的平面，加工后表面会留下一定轨迹的螺旋光环，给人以亲切、优雅之感。抛光加工则可以使被加工表面光亮如镜面一般，如图 2-14 和图 2-15 所示。

图2-14 表面精加工的玻璃杯

图2-15 车削加工产生的旋光

# 复习思考题

1. 材料表面处理的目的是什么?

2. 材料表面处理通常有几类?

3. 为什么要进行表面预处理?

4. 表面清理有哪些方法? 各有什么特点?

5. 什么是镀层被覆?

6. 目前工业上应用最多的镀层方法是什么? 有什么特点?

7. 铬镀层有什么特点?

8. 什么是有机涂装?

9. 涂料有什么功能?

10. 常用的涂装方法有哪些?

11. 什么是珐琅被覆?

12. 常用金属表面改制处理方法有哪些?

13. 什么是表面精加工?

# 第3章
# 设计材料的质感

**本章重点：**

◆ 质感的基本原理。

◆ 人的视觉和触觉对材料的感觉，质感的物理、化学特性。

◆ 质感设计的作用和质感设计的法则，质感设计的运用原则。

**学习目标：**

◆ 通过本章的学习，掌握质感的基础理论，掌握质感设计的原理，认识质感设计在产品设计中的地位和实际运用的原则。

## 3.1 质感原理

材料的质感又称感觉特性，是人对物体材质的生理和心理活动。材料的质感是材料给人的感觉和印象，是人对材料刺激的主观感受，是人的感觉系统因生理刺激对材料做出的反映或由人的知觉系统从材料的表面特征得出的信息，是人们通过感觉器官对材料做出的综合判断。

材料的质感包含如下两个基本属性。

- 生理属性：材料表面对人的感觉系统产生的刺激信息，如粗糙与光滑、温暖与寒冷、坚硬与柔软、浑重与单薄、干涩与滑润、粗俗与典雅、透明与不透明等感觉特性。

- 物理属性：材料表面传达给人们的信息，主要表现在材料表面的几何特征和理化特征，如色彩、光泽、肌理、质地等。

材料的质感与产品的造型是紧密相连的。工业产品造型设计的重要方面就是对一定的材料进行加工处理，最后成为既具有物质功能又具有精神功能的产品，它是艺术造型的过程，也是艺术创造的过程。

一个完整的产品，质感不仅停留在材料的表面上，而升华为产品造型整体的质感，如木材、塑料等，当这些材料成为产品之后，人们不仅欣赏这些材料的表面，还欣赏这些产品的综合感觉，人们要从造型、使用功能、视觉美、触觉美等各个方面评价它，欣赏它。例如，一把木制的椅子，人们不仅欣赏它的表面色泽、纹理等方面的美，而其还要从它的整体造型、使用舒适度方面欣赏它的美。

## 3.2 质感的分类

材料的质感通常分类有两种方法，一是按人的生理与心理对材料的感觉进行分类，二是按照材料的物、理化学特性进行分类，前者可分为触觉质感和视觉质感，后者可分为自然质感和人为质感。

### 3.2.1 触觉质感和视觉质感

材料的质感按人的生理和心理感觉可分为触觉质感和视觉质感。

1. 触觉质感

触觉质感就是靠手和皮肤的接触而感知的物体表面的特征，触觉是质感认识和体验的主要感觉，如图 3-1 所示。

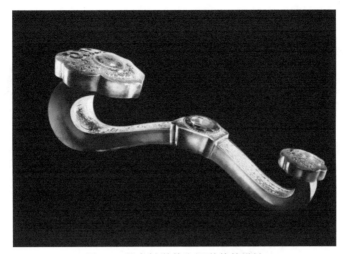

图3-1　具有触觉美和视觉美的设计

2. 视觉质感

视觉质感就是靠眼睛的视觉而感知的物体的表面特征，是触觉质感的综合和补充，如图 3-2 所示。

图3-2　具有强烈视觉质感的设计

## 3.2.2　自然质感和人为质感

材料的质感按照材料的物理特性和化学特性可分为自然质感和人为质感。自然质感突出的是材料自然的特性，人为质感突出的是人对材料施加的加工工艺特性。

1. 自然质感

不同的物质其表面的自然特质称为自然质感，自然质感是构成物体材料的物理、化学特性所表现出来的，是材料固有的质感。例如，金属材料、一块玉石、一张兽皮、一块木板都体现了它们自身的物理和化学特性所决定的材质感。自然质感是由材料的天然性和真实性所表现出来的，突出的是材料的自然美，如木材的自然花纹、石材的天然纹理等，如图 3-3 所示。

图3-3　木材的自然花纹

### 2. 人为质感

人为质感突出工艺美、技巧性很强，人们根据设计要求的不同，采用不同的加工工艺获得不同的质感，如利用表面装饰工艺得到不同的色彩、纹理，通过对材料的表面进行精加工使材料产生无光、亚光、亮光效果等，通过加工工艺可以产生同材异质感，也可以产生异材同质感，如图 3-4 所示。

图3-4　质感银龙

## 3.3　质感设计

质感设计是从美的形式发展而来的，是一种具有独立审美价值的形式美，是生活和自然中各种形式因素（几何要素、色彩、材质、光泽、形态等）的有规律组合。是人们长期实践经验的积累，是整体造型完美统一具体运用中的尺度和归宿。

### 3.3.1　质感设计在产品设计中的作用

质感设计在产品造型设计中具有重要的地位和作用，良好的质感设计可以决定和提升产品的真实性和价值性，使人充分体会产品的整体美学效果。

**1. 提高适用性**

在产品设计中，良好的触觉质感设计可以提高产品的适用性。如各种工具的手柄表面有凹凸细纹或覆盖橡胶材料，具有明显的触觉刺激，易于操作使用，有良好的适用性。

**2. 增加装饰性**

良好的视觉质感设计，可以提高工业产品整体的装饰性，能补充形态和色彩所难以替代的形式美。如材料的色彩配置、肌理配置、光泽配置，都是视觉质感的设计，带有强烈的材质美感。

**3. 获得多样性和经济性**

良好的人为质感设计可以替代或弥补自然质感的不足，可以节约大量珍贵的自然材料，达到工业产品整体设计的多样性和经济性。例如，塑料镀膜纸能替代金属及玻璃镜；塑料装饰面板可以替代高级木材、纺织品等，这些材料的人为质感具有普及性、经济性，满足了工业造型设计的需要；大胆选用各种新材料，充分挖掘材料的表达潜力，并运用一些反常规的手段加工处理材料，把差异很大的材料组合在一起，往往能创造出令人惊喜的、全新的产品风格。

**4. 表现真实性和价值性**

良好的质感设计往往决定整体设计的真实性和价值性。

质感设计是工业产品造型设计中一个重要的方面，它充分发挥了材料在产品设计中的能动作用，是认识材料、合理选择材料、创造性地组合各种材料、整理材料、使用材料的有机过程，是对工业产品造型设计的技术性和艺术性的先期规划，是"造物"与"创新"的过程。

### 3.3.2　质感设计的法则

**1. 质感设计的形式美法则**

形式美是美学中的一个重要概念，是从美的形式发展而来的，是一种具有独立审美价值的美。广义来讲，形式美就是生活和自然中各种形式因素（几何要素、色彩、材质、光泽、形态等）的有规律组合。形式美法则是人们长期实践经验的积累，整体造型完美统一是造型美形式法则具体运用中的尺度和归宿。

**1）调和与对比法则**

调和与对比是指材质整体与局部、局部与局部之间的配比关系。调和法则就是使产品的表面质感统一和谐，其特点是在差异中趋向于"同一"和"一致"，强调质感的统一，使人感到融合协调。但是，在一个产品中使用同一种材料，可以构成统一的质感，但是，各部件材料及其他视觉元素（形态、大小、色彩、肌理、位置、数量等）完全一致，则会显得呆板、平淡而失去生动性。因此在材料相同的基础上应寻求一定的变化，采用相近的工艺方法，产生不同的表面特征，形成既具有和谐统一的感觉，又有微妙的变化，使设计更具美感。对比法则就是使产品各个部位的表面质感有对比的变化，形成材质的对比、工艺的对比，其特点是在差异中趋于"对立"、"变化"。质感的对比虽然不会改变产品的形态，但由于丰富了产品的外观效果，具有较强的感染力，使人感到鲜明、生动、醒目、振奋、活跃，从而产生丰富的心理感受。

调和与对比法则的实质就是和谐，既要在变化中求统一（对比而不凌乱），又要在统一中求变化（调和而不单调），主要着重于种种美感因素中的差异性方面，常常运用对比、节奏、重点等形式法则来展现其整体造型中各美感因素的多样变化，达到设计效果的和谐完美。调和与对比是对立的两个方面，设计者应注意两者的关系，在两者之间掌握一个适当的度，使调和中不失对比，对比中不失调和，同时也不可使调和与对比对等，中庸的配比则会使产品缺乏个性，如图 3-5 和图 3-6 所示。

图3-5　对比形成的视觉美感　　　　　图3-6　统一美

2）主从法则

主从法则实际上就是强调在产品的质感设计上要有重点，是指产品各部件质感在组合时要突出中心，主从分明，不能无所侧重。心理学试验证明，人的视觉在一段时间内只可能抓住一个重点，而不可能同时注意几个重点，这就是所谓的"注意力中心化"。明确这一审美心理，在设计时就应把注意力引向最重要之处，应恰当地处理一些既有区别又有联系的各个组成部分之间的主从关系。

主体部分在造型中起决定作用，客体部分起烘托作用。主体和客体应相互衬托，融为一体，这是取得造型完整性、统一性的重要手段。在设计中，质感的重点处理可以加强工业产品的质感表现力。对常见的部位和经常接触的部位，如面板、操纵件等，应做良好的视觉和触觉质感设计，要选材恰当、质感宜人、加工工艺精良。对不可见部位和接触少的部位，应从简处理。通过材质的对比来突出重点，可用非金属材料衬托金属材料，用轻盈的材质衬托沉重的材质，用粗糙的材质衬托光洁的材质，用普通的材质衬托贵重的材质。没有主从的质感设计，会使产品的造型显得呆板、单调或者显得杂乱无章。

质感设计的形式美法则实质上是不同材质有规律组合的基本法则，它不是一成不变的，而是一个从简单到复杂、从低级到高级的过程，它随着科学技术、文化和艺术审美水平的发展而不断发展，应灵活掌握应用。在产品造型设计中要善于发现材料自身的美感因素，并运用形式美法则去发挥和组织起各种美感因素，这样才能达到形、色、质的完美统一。

### 3.3.3 质感设计的综合运用原则

在众多的材料中，如何选用材料的组合形式，发挥材料在产品设计中的能动作用，是产品设计中的一个关键。虽然不同材料的综合运用可丰富人们的视觉和触觉感受，但一个成功的产品设计并不在于多种材料的堆积，而是在体察材料内在构造和美的基础上，精于选用恰当得体的材料，贵于材料的合理配置与质感的和谐应用。表现产品的材质美并不在于用材的高级与否，而在于合理，在于艺术性、创造性地使用材料。

合理地使用材料，就是根据材料的性质、产品的使用功能和设计要求，正确地、经济地选用合适的材料。

艺术性地使用材料是指追求不同色彩、肌理、质地材料的和谐与对比，充分显露材料的材质美，借助材料本身的素质来增加产品的艺术造型效果。

创造性地使用材料则是要求产品的设计者能够突破材料运用的陈规，大胆使用新材料和新工艺，同时能对传统的材料赋予新的运用形式，创造新的艺术效果。

## 复习思考题

1. 材料质感的基本属性是什么？

2. 什么是触觉质感？

3. 什么是视觉质感？

4. 什么是自然质感？

5. 什么是人为质感？

6. 质感设计在产品设计中有什么作用?

7. 质感设计法则有哪些?

# 第4章
# 金属材料与成型工艺

**本章重点：**

◆ 金属材料的基本概念。

◆ 金属材料成型工艺的基础知识。

◆ 产品设计中常用金属材料。

◆ 金属材料在工业设计中的应用。

**学习目标：**

◆ 通过本章的学习，了解金属材料的基础知识，掌握金属材料各种成型工艺的特点和适用范围，了解产品设计中常用金属材料的基本性能，以及在产品设计中的应用。

## 4.1  金属材料概述

金属材料是指以金属元素或以金属元素为主构成的具有金属特性的材料的统称。金属材料包括纯金属和由两种或两种以上的金属（或金属与非金属）熔合（物理变化）而成具有金属特性的金属合金等。

人类利用金属有着悠久的历史，人类文明的发展和社会的进步同金属材料关系十分密切。继石器时代之后出现的青铜器时代、铁器时代，都是以金属材料的应用作为其时代的标志的。

如图 4-1 所示是司母戊大方鼎。

图4-1  司母戊大方鼎

现代，种类繁多的金属材料已成为人类社会发展的重要物质基础。在日常生活和工业生产、交通运输、建筑工程中人们都大量使用金属制品，小到锅、勺、刀、剪等生活用品，大到机器设备、交通工具、房屋建筑等，都离不开金属。所以，现在有人把金属的生产和运用做为衡量一个国家工业水平的标志。

金属材料通常分为黑色金属、有色金属。黑色金属又称钢铁材料，包括含铁 90% 以上的工业纯铁、含碳 2% ~ 4% 的铸铁、含碳小于 2% 的碳钢，以及各种用途的合金钢等。广义的黑色金属还包括铬、锰及其合金。有色金属是指除铁、铬、锰以外的所有金属，通常分为轻金属、重金属、贵金属、半金属、稀有金属和稀土金属等。金属合金的强度和硬度一般比纯金属高，并且电阻大、电阻温度系数小。

金属的性能一般分为工艺性能和使用性能两类。所谓工艺性能是指金属制品在加工制造过程中，金属材料在特定的冷、热加工条件下表现出来的性能。金属材料工艺性能决定了它在制造过程中加工成型的适应能力。由于加工条件不同，对金属的工艺性能要求也不同，如铸造性能、可焊性、可锻性、热处理性能、切削加工性等。使用性能是指金属制品在使用条件下，金属材料表现出来的性能，包括力学性能、物理性能、化学性能等。金属材料使用性能的好坏，决定了它使用范围与使用寿命。

金属材料具有如下的优良造型特征：

- 具有特有的金属色泽，良好的反射能力，不透明性及金属光泽。
- 大多数金属都属于塑性材料，都具有良好的延展性，具有良好的承受塑性变形的能力，如图4-2所示。

图4-2　经过塑性加工具有强烈金属质感的产品

- 在金属表面可以通过涂敷、电镀等工艺进行各种装饰，获得理想的质感。
- 金属可以利用切削、焊接、铸造、锻打、冲压等工艺手段成型，具有良好的成型工艺性。
- 金属材料具有良好的导电性和导热性。

上述特性反映了金属的本质，因此，在工业产品材料中，常常把金属视为具有特殊光泽、优良导热、导电和良好塑性的造型材料。非金属也可能有上述特性中的一种或几种，但不会同时具有以上全部特性，达不到金属具有的性能。

## 4.2　金属材料的成型工艺

大多数金属材料都具有良好的成型工艺，可以将金属材料熔化，然后将其浇铸到模型中去，冷却后得到所需要的制品。具有塑性特性的金属材料可以进行塑性加工（锻打、冲压等），金属材料还可以通过切削加工，获得制品所需要的形状、尺寸等。

### 4.2.1 铸造成型

将熔融态的金属液体浇注到铸型中，冷却凝固后得到具有一定形状的铸件的工艺方法称作铸造。目前铸造成型的方法种类很多，应用最为普遍的是砂型铸造，除砂型铸造以外，还有熔模铸造、压力铸造、金属型铸造、离心铸造、陶瓷型铸造等，除砂型铸造以外，其他铸造都称作特种铸造。

#### 1. 砂型铸造

砂型铸造俗称翻砂，是使用砂粒加黏合剂制造模型进行浇铸的铸造方法。如图 4-3 所示是砂型铸造工艺过程示意图，首先根据零件的形状和尺寸制造出木模，再利用木模在砂箱中造出砂型，放入型芯，合箱后将液态的金属浇铸到砂型中，待冷却凝固后，将砂型破碎并清理干净，取出浇铸后的零件。

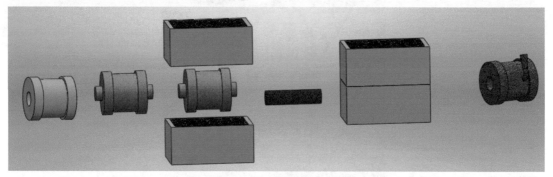

（a）零件　　（b）木模　　（c）制造砂型　　（d）型芯　　（e）合箱、浇铸　　（f）落砂取出零件

图4-3　砂型铸造

砂型铸造适应性强，可铸造各种形状、不同尺寸和重量的零件，而且工艺设备简单，成本低，应用范围广，可铸造熔点比较高的金属，如铸铁、铸钢、铸铜等。砂型铸造的零件精度较低，表面质量较粗糙，如图 4-4 所示，若要获得精度较高和表面质量好的制品，需要再进行切削或磨削等后续加工。

图4-4　砂型铸造制品

在设计砂型铸造零件时应注意以下问题：

- 砂型铸造虽然可通过两箱、多箱、活块劈箱等造型方式铸造出形状复杂的零件，但零件形状过于复杂会使造型过程费工费时，所以设计铸件时，应力求铸件的外形简单，尽量减少分型面。

- 应尽量使零件的内腔设计成开口式结构，以利于型芯的制造和安放。

- 应尽量不使用大水平面，因为大的水平面浇铸时，容易产生浇不足、气孔和夹砂等缺陷，改用斜面，有利于气体和杂质漂浮到冒口，同时也有利于金属填充到型腔中去。

- 铸件的壁厚要力求均匀，最小厚度要大于合金要求的最小厚度，但也不能过厚，以避免出现缩松、内应力等现象的出现。

- 应尽量采用规则的圆柱面、平面，尽可能少用曲线形状的表面，以降低模型制造的困难。

#### 2. 熔模铸造

熔模铸造又称精密铸造或失蜡铸造，通常是将易熔材料制成模样，在模样表面包覆若干层耐火材料制成型壳，再将模样熔化排出型壳，从而获得无分型面的铸型，经高温焙烧后即可填砂浇注，从而铸造出零件。由于模样广泛采用蜡质材料来制造，故常将熔模铸造称为"失蜡铸造"。

熔模铸造生产的第一个工序就是制造熔模，熔模是用来形成耐火型壳中型腔的模型，所以要获得尺寸精度和表面光洁度高的铸件，首先熔模本身就应该具有高的尺寸精度和表面光洁度。此外，熔模本身的性能还应尽可能使随后的制型壳等工序简单易行。为得到上述高质量要求的熔模，除了有好的压型（压制熔模的模具）外，还必须选择合适的制模材料（简称模料）和合理的制模工艺。

熔模铸造的工艺流程如图4-5所示。

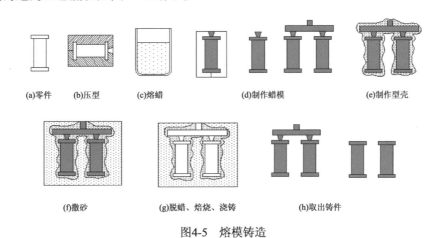

(a)零件　(b)压型　(c)熔蜡　(d)制作蜡模　(e)制作型壳

(f)撒砂　(g)脱蜡、焙烧、浇铸　(h)取出铸件

图4-5　熔模铸造

（1）制作压型：根据零件的设计要求制作出压型，压型是制作蜡型的模具，常用钢或铝合金制作，小批量生产也可用易熔合金、石膏或硅橡胶制作。

（2）制作蜡模：蜡模（熔模）是用来形成耐火型壳中型腔的模型，所以要获得尺寸精度和表面光洁度高的铸件，首先蜡模本身就应该具有高的尺寸精度和表面光洁度。此外，蜡模本身的性能还应尽可能使随后的制型壳等工序简单易行。为得到高质量的蜡模，除了应有好的压型外，还必须选择合适的制模材料（简称模料）和合理的制模工艺。

蜡膜常采用压制成型的方法制作，液态或半液态的模料在比较低的压力下压制成型，称作压注成型，半固态或固态模料在高的压力下压制成型，称作挤压成型，制作蜡模的材料有石蜡、蜂蜡、硬脂酸和松香等。

（3）制作型壳：在蜡膜上涂挂上一层涂料形成型壳，通常采用浸涂法涂挂，特殊部位可用毛笔或特殊工具刷涂。

（4）撒砂：为了保障型壳具有足够的强度，在型壳外部还要进行撒砂工序，通常熔模自涂料槽中取出后，待涂料流动终止，凝固开始即可撒砂，不能过早，也不能过晚。

（5）脱蜡：将制作好的型壳放入炉中进行加热，将蜡膜溶化倒出，倒出的蜡料可回收再利用。

（6）焙烧和造型：将型壳进行高温烧结，以使型壳定型并进一步提高其强度。

（7）浇注：将型壳保持一定的温度，浇铸熔化的金属液体。

（8）脱壳：待液体金属冷却凝固后，去除型壳，切去浇口，获取零件。

熔模铸造，可以获得尺寸精度较高，表面质量较好的铸件，如图 4-6 所示，通常不必再加工或少加工，可铸造各种合金铸件，但工序较多，生产周期长，适用于生产形状复杂，精度要求较高又不便进行机械加工的小型制品。

（a）机械配件　　　　　　　　　　　　　（b）钛合金高尔夫击球头

图4-6　熔模铸造制品

### 3. 金属型铸造

将液态金属倒入金属制作的模型中，以获得所需要的零件的铸造方法称作金属型铸造，其模型材料常用铸铁、铸钢等，由于金属型可以重复使用，所以又称作永久性铸造。

金属型铸造所得铸件表面粗糙度和尺寸精度均优于砂型铸造，铸件的组织结构紧密，力学性能也优于砂型铸造，抗拉强度比砂型铸造高10%~20%，铸件的抗腐蚀性和硬度也有明显提高。

金属型铸造由于受模型材料的制约，不能承受较高的温度，只适用于铸造熔点较低的有色金属，如铝合金、镁合金等。

设计金属型铸造铸件时应注意如下两点：

- 金属型铸造，铸型透气性差，无退让性，易使铸件产生冷隔、浇不足、裂纹等缺陷，设计铸件时，铸件的形状要力求简单，以便于开模、起模。
- 金属型铸造，其模型制造成本高，周期长，制造困难，成本高，不可能制造得太大，因此设计的铸件其质量也不能太大。

### 4. 压力铸造

压力铸造简称压铸，在压力机上，用压射活塞以一定的压力将压室内的液态金属压射到膜腔中，并在压力的作用下使金属迅速冷却，凝固成固体的铸造方法。根据压力的大小，压力铸造可分为低压铸造和高压铸造。

如图4-7所示，压铸所铸造出的铸件尺寸精确，一般相当于6~7级，甚至可达4级；表面光洁度好，一般相当于5~8级；强度和硬度较高，强度一般比砂型铸造高25%~30%，但延伸率低约70%；尺寸稳定性好，组织致密，机械性能好，互换好，可压铸薄壁复杂的铸件。例如，当前锌合金压铸件最小壁厚可达0.3mm；铝合金铸件可达0.5mm；最小铸出孔径为0.7mm；最小螺距为0.75mm。

压铸件是在金属型和金属型芯共同作用下进行的，设计压铸件时，应使压型制作方便，型芯易于取出，铸件壁要薄且均匀。压铸件表面可获得清晰的花纹、文字、图案等，适用于铸造铝、锌、镁及铜合金等产品。

铝合金压铸件　　　　　　　铝合金压铸件　　　　　　　铜合金压铸件

图4-7　压力铸造制品

## 4.2.2　塑性成型工艺

金属塑性成型又称压力加工，在外力作用下金属材料发生塑性变形，获得具有一定形状、尺寸和力学性能的零件或毛坯的加工方法。塑性成型可改善金属材料的组织和机械性能，产品可直接获取或经过少量切削加工即可获取，金属损耗小，适用于大批量生产。塑性成型需要使用专用设备和专用工具，塑性加工不适用加工脆性材料或形状复杂的产品，按加工方式不同塑性加工可分为锻造、轧制、挤压、冲压、拔制加工。

### 1. 锻造

锻造是利用锤子（手锤或锻锤）对金属进行敲打，使金属在不分离的情况下产生塑性变形，从而获得所需要的零件的一种加工方法，所以锻造也称作锻打。若在常温下锻造，称作冷锻；若先对金属进行加热，再进行锻造称作热锻。为了提高金属的延展性，通常都是热锻，只有特殊条件下为了改变金属的组织性能，才采用冷锻。

锻造按照是否使用模具可分为自由锻造和模锻。不使用模具，将金属放在砧铁上施以冲击力，使其产生塑性变形的加工方法称作自由锻。将金属坯料放在具有一定形状的模具中，施加冲击力使坯料发生变形的加工方法称作模锻。

利用手锤进行锻造，称作手工锻造，手工锻造是一种古老的加工方式，操作者利用钳子夹持住待加工的金属，将其放在砧板上，然后用锤子敲打金属，打造出所需要的形状，以获得所需要的零件。加工时可一个人作业，也可两三个人配合作业。现代工业生产已很少使用手工锻造，在我国一些偏远地区或农村集市上还可以见到利用手工锻造的方法打造农具或一些简单的工具，现代手工锻造一般用于金属工艺品的制造方面。

如图 4-8 所示的锻铜浮雕是手工锻造的工艺品，如图 4-9 所示的冰斧既适用又具有较强的艺术性。

利用机械设备进行锻造称作机械锻造，它的成型原理和手工锻造完全一样，只不过是以机械作业取代手工作业。

设计锻造件时应注意以下问题：

- 自由锻造的，因为使用的工具简单，通常都是通用工具，锻件尺寸精度和形状精度都比较低，往往取决于操作者的技术水平，所以其形状不宜设计得太较复杂。
- 应尽量避免加强筋及表面凸起的结构。
- 计模锻件时，为了保证锻件能够从模具中取出来，锻件必须要有一个合理的分型面。
- 零件的形状应力求简单、平直、避免薄壁、高筋等外形结构。

图4-8　锻铜浮雕　　　　　　　　　　图4-9　冰斧

## 2. 冲压

金属板料在冲压模之间受力产生塑性变形或分离从而获得所需零件的加工方法。冲压多数情况下是在常温下进行的，不对坯料加热，因此也被称作冷冲压。冲压加工利用不同的模具可以实现拉伸、弯曲、冲剪等工艺。

如图 4-10 所示是板材拉伸加工示意图，将待加工的板材（坯料）放在凹模上，用压板对其施加一定的压力，然后利用冲头向下施力，将其拉伸成型。大多数金属容器都是用拉伸方法成型的，如图 4-11 所示是拉伸制品。

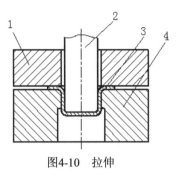

图4-10　拉伸

1-压板 2-冲头3-坯料4-凹模

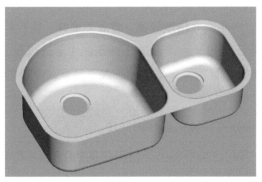
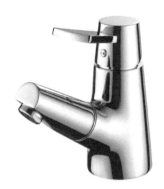

图4-11　拉伸制品

如图 4-12 所示是折弯成行示意图，坯料放在凹模上，对凸模施加压力，在凹模与凸模的共同作用下，将坯料折弯成所需要的形状。折弯成型可分为板材折弯和线材折弯。如图 4-13 所示是用钢管经折弯工艺成型的椅子。

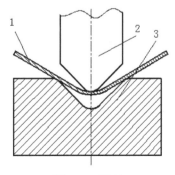

图4-12　折弯
1－坯料；2－凸模；3－凹模

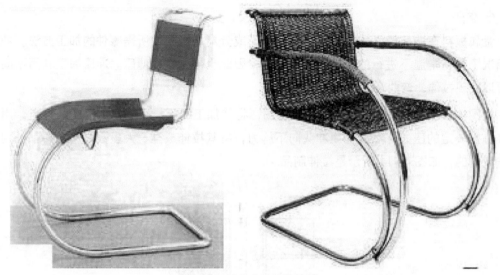

图4-13　折弯成型的钢管椅

如图 4-14 所示是冲剪加工示意图，加工时将坯料放在凹模上，对凸模施加冲击力，在凹模与凸模的共同作用下，裁剪掉部分金属，被剪掉的形取决于模具的形状。如图 4-15 所示是通过冲剪和折弯成型的金属椅子的加工过程。

冲压加工的主要优点是：生产销率高，产品尺寸精度较高，表面质量好，易于实现自动化、机械化，加工成本低，材料消耗少，适用于大批量生产。冲压加工的主要缺点是：只适用于塑性材料加工，不能加工脆性材料，如铸铁、青铜等，不适用于加工形状较复杂的零件。

设计冲压件时应注意如下几点：

● 外形及内孔要力求简单，尽量选择矩形，圆形等规则形状。

● 圆孔直径不得小于材料的厚度，方孔边长不得小于材料厚度的0.9倍，孔与孔、孔与边之间的距离不得小于材料厚度的1.5倍。

● 为了保证零件的成型质量，轮廓的转角处应设计一定的转角半径，一般内圆半径不小于材料的厚度。

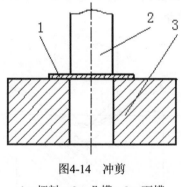

图4-14　冲剪

1—坯料；2—凸模；3—下模

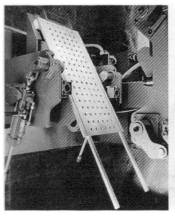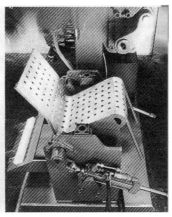

图4-15　一次成型的金属椅

## 4.2.3　金属的焊接

焊接是通过对金属加热，使其处于熔融状态，将两个金属连接在一起的一种连接方式，常用的焊接方式有熔焊、压焊和钎焊等，如图 4-16 所示。

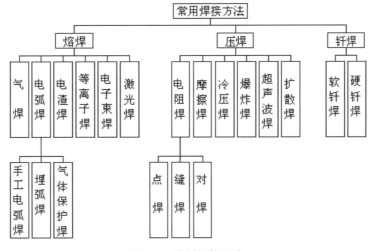

图4-16　常用焊接方法

焊接制品如图 4-17 所示。

图4-17　焊接制品

### 1. 气焊

使用气体混合物燃烧形成高温火焰，使相邻的金属熔化并联接在一起，常用的气体有氧－乙炔、氧－液化石油气等，其燃烧最高温度分别可达 3200℃和 2700℃。气焊使用的工具主要是焊具，如图 4-18 所示，气焊所使用的设备简单，加热区大，加热时间长，效率低，焊接变形大，操作费用大，一般只是在小批量或维修中用于薄钢板、黄铜件、铸铁件的焊接，以及作为钎焊热源和火焰淬火热源使用。

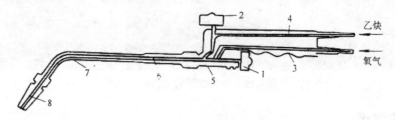

图4-18  射吸式气焊焊具构造图

1—氧气阀；2—燃气阀；3—氧气导管；4—燃气导管；5—喷嘴；6—射吸管；7—混合气管；8—焊嘴

### 2. 手工电弧焊

手工电弧焊是目前应用最为广泛的一种金属焊接方法，它是以电弧热作为热源的一种焊接方法。电弧是一种气体放电现象，所谓气体放电，是指当两个电极存在电位差时，电荷通过两电极之间的气体空间的一种现象，电弧放电区电压低、电流大、温度高，并且发出强烈的光，在工业生产中广泛用来作为光源和热源。

手工电弧焊如图 4-19 所示，焊丝（填充金属）及焊件（母材）在电弧的高温作用下，局部溶化，形成共同的金属熔池，称作焊接熔池。焊条药皮受电弧加热后溶化后生成气体和熔渣，联合保护焊接区，隔绝空气对熔池金属的侵害，同时熔渣在与熔池金属的冶金反应中，使熔池金属脱氧、脱硫、脱磷和掺合金，即补充了合金元素，又消除了缺陷。在冷却时熔渣凝结成渣壳，熔池金属在渣壳的保护下结晶形成焊缝。

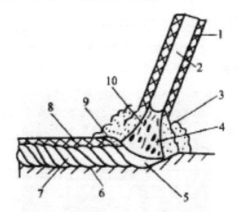

图4-19  手工电弧焊

1—药皮；2—焊芯；3—保护层；4—电弧；5—熔池6—母材；7—焊缝；8—渣壳；9—熔渣；10—熔滴

手工电弧焊适用于碳钢、合金钢、铸铁、铜及其合金的焊接。可以进行对接、搭接、丁字接等接头形式，如图 4-20 所示。

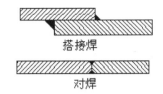

图4-20　金属板材的焊接形式

手工电弧焊使用的设备有交流焊接变压器（俗称交流电焊机）直流焊接整流器（俗称直流电焊机）。

手工电弧焊使用的焊接材料是焊条，焊条按用途分为，碳钢焊条、低合金钢焊条、不锈钢焊条、铸铁焊条、铜及铜合金焊条、铝及铝合金焊条等。焊条是由焊芯和药皮两部分组成，焊接时应依据不同的材料选用不同的焊条。焊条直径一般根据焊件的厚度选用，如表 4-1 所示。

表4-1　平焊时焊条直径的选用参考值（mm）

| 焊件厚度 | 2 | 3 | 4 ~ 5 | 6 ~ 12 | > 12 |
| --- | --- | --- | --- | --- | --- |
| 焊条直径 | 2 | 3.2 | 3.2、4 | 4、5 | 4、5、6 |

### 3. 氩弧焊

氩弧焊是用氩气作保护气体的一种电弧焊方法，氩气从焊具喷嘴中喷出，在焊接处形成封闭的氩气层，使电极和焊接熔池与空气隔绝，从而对电极和焊接熔池起保护作用。

氩弧焊按所用电极不同，可分为钨极（非熔化极）氩弧焊和熔化极氩弧焊。

钨极氩弧焊如图 4-21 所示，采用高熔点的钨棒作为电极，在氩气的保护下，依靠钨棒和焊件之间产生的电弧来熔化金属与填充焊丝，以达到焊接的目的。钨极本身不熔化，只起发射电子产生电弧的作用，因电流受到钨棒的限制，不可能太大，电弧功率较小，适用于薄板类焊件的焊接。

熔化极氩弧焊如图 4-22 所示，在氩气的保护下，依靠焊丝和焊件之间产生的电弧热来熔化金属与焊丝，以达到焊接的目的。由于可采用较大的电流，电弧功率大，可适用于厚板类焊件的焊接。

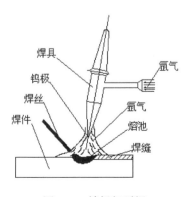

图4-21　钨极氩弧焊

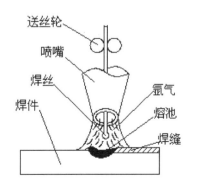

图4-22　熔化极氩弧焊

### 4. 电阻焊

电阻焊是利用电流通过焊件产生的电阻热为热源的一种焊接方法。电阻焊是使工件处在一定电极压力作用下，利用电流通过时所产生的电阻热将两工件接触表面熔化而实现连接的一种焊接方法。这种焊接方法通常使用的电流较大，为了防止在接触面上产生电弧并且为了锻压焊缝金属，焊接过程中始终需要施加压力。

电阻焊与电弧焊相比较，具有生产率高，热影响区窄，工件变形小，接头不开破口，不用填充金属，不需保护，操作简单，劳动条件好等优点。但它的不足之处是，焊机功率大，耗电多，焊缝截面尺寸受限，接头形式仅限于对接和搭接。

电阻焊有对焊、点焊、缝焊等。

#### 1）对焊

如图 4-23 所示，对焊是将被焊工件装配成对接接头，使其端面紧密接触后通电，利用电阻热将接头一定范围内加热至塑性状态，然后施加压力使

之发生塑性连接。对焊仅适用于直径在 20mm 以下的低碳钢，以及直径小于 8mm 的铜、铝及其合金的焊接。截面较大的焊件，因难于清除接头中的氧化物，故质量不能保证

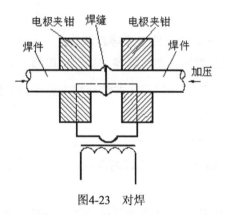

图4-23　对焊

#### 2）点焊

如图 4-24 所示，点焊是将被焊工件装配成搭接接头形式，并压紧在两电极之间，在两极之间通以电流，利用电流产生的电阻热熔化母体金属，形成熔核，冷却后形成焊点。

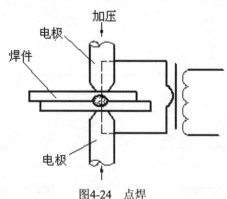

图4-24　点焊

大多数金属都可以点焊，目前用工频交流点焊机按正常规律焊接，低碳钢板可焊厚度达3mm+3mm，铝合金 2.5mm+2.5mm；不锈钢 2.5mm+2.5mm。

3）缝焊

缝焊是点焊的一种演变，如图 4-25 所示，用圆形滚轮取代点焊的电极，滚轮压紧工件并连续或断续滚动，同时通以连续或断续的脉冲电流，形成一系列焊点组成的焊缝，当点的距离较大时，形成不连续焊缝，称作滚点焊，当点的距离较小时，熔核相互重叠，可得到连续的焊缝。

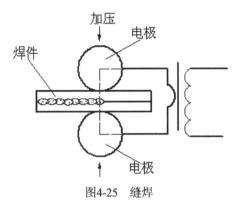

图4-25　缝焊

5. 钎焊

钎焊是利用熔点比较低的金属作钎料，经过加热钎料熔化，靠毛细管作用将钎料吸入到接头接触面的间隙中，湿润被焊金属表面，使液相与固相之间相互扩散而形成焊接接头。因此，钎焊是一种固相兼液相的焊接方法。

钎焊的特点如下：

● 加热温度低，母材不熔化，对焊件金属的组织影响小。

● 生产率高，可实现多个零件或多条焊缝同时焊接，也易于实现自动化焊接。

● 焊件变形小，可实现精密焊接。

● 可实现不同金属之间的连接，也可以实现非金属与非金属及非金属与金属之间的连接。

● 可实现结构复杂、形状特殊、壁厚、粗细不同的构件的焊接。

钎焊所使用的材料有包括钎料和钎剂。

1）钎料

钎料是接头的填充金属，按其熔化温度可分为低熔点钎料和高熔点钎料，熔点低于450℃为低熔点钎料（锡基、铅基、锌基等），熔点高于 450℃为高熔点钎料（铜基、银基、金基、铝基、镍基等）。如果接头要求不高和工件工作温度不高，可选择软钎料（如锡基）；如果要求高温或高强度，应选用硬钎料（如铜基、镍基）。选择钎料还应考虑与母材的相互作用，如铜磷钎料不能选择钎焊钢和镍，因为会在界面生成及脆的磷化物。

2）钎剂

钎剂的作用是去除母材和液态钎料表面上的氧化物并保护其不再被氧化，从而改善钎料对木材的湿润能力，提高焊接的稳定性。钎剂应具有足够的去除母材和液态钎料表面上的氧化物的能力，熔化温度及最低火星温度应低于钎料的熔化温度；在钎焊的温度下应具有足够的湿润能力和良好的铺展性能。钎剂可以通过浸黏、涂敷、喷射、蘸取等方法置入接头区，钎剂可以制成粉状，也可以制成膏状或将钎料和钎剂制成药芯焊丝（如焊锡丝），可在焊前涂敷在焊接区，也可在加热过程中送到接头区。

## 4.3 切削加工

切削加工是利用切削工具和工件做相对运动，从毛坯上切除多余的材料，以获得所需要的几何形状、尺寸精度和表面质量制件的一种成型方法。切削加工可以手工加工（钳工），但更多的是利用切削加工机床进行机械加工。

手工切削加工是由操作者手持工具进行切削，主要分为錾削、锯削、锉削、刮研、钻孔、铰孔、攻螺纹、套螺纹等。手工加工所使用的工具较简单，操作方便，可以加工各种形状的制品。但加工效率低，劳动强度大，随着机械加工技术的发展，其应用范围越来越小，一般只是在某些机械加工中难以加工的情况下使用。

机械加工是利用机械切削机床进行的切削加工。切削加工按所使用的工具的类型可分为两大类，一类是利用切削刀具进行的加工，如车削、铣削、钻削、刨削、镗削等；另一类是利用磨料进行的加工，如磨削、珩磨研磨等。切削加工所使用的机床种类很多，但基本的是车床、铣床、刨床、钻床、镗床、磨床。

切削加工的特点如下：

- 属于去除材料加工——加工后的零件质量小于加工前的零件质量。
- 加工灵活方便——零件的装夹、成型方便，可加工各种不同形状的零件。
- 零件的组织性能不变——加工后零件的金相组织和物理机械性能不发生变化
- 加工精度高——加工精度可达0.01μm，甚至更小。
- 零件表面质量好——可达镜面质量。
- 生产准备周期短——不需要制造模具等。

### 4.3.1 切削加工运动和切削要素

#### 1. 母线与导线

零件表面通常可以看成是一条母线沿着另一条导线运动的轨迹，如圆柱面可以看做是一条直线（母线）沿着一条圆周线（导线）运动形成的，平面可以看做是一条直线沿着另一条直线运动形成的，母线与导线统称为生成线或成型线。母线与导线产生的方法不同就形成了不同的加工方法。

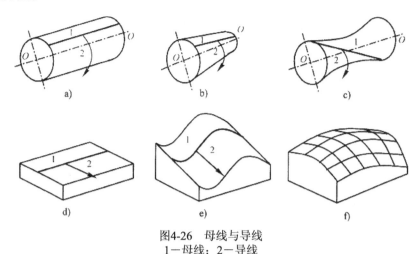

图4-26 母线与导线
1—母线；2—导线

### 2. 切削运动

在切削加工中，为了使零件的加工表面成为符合要求的形状，就必须使刀具与零件之间有一定的相对运动，这样才能切除多余的材料，这些运动称作切削运动。

#### 1）主运动

主动动是指刀具和被加工零件产生相对速度的运动，如车削加工中零件的旋转运动，刨削加工中的刀具（零件）的纵向运动，如图 4-27 所示，主运动的速度即切削速度，用 v（m/s）表示。

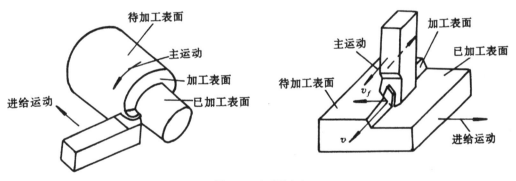

图4-27 切削运动

#### 2）进给运动

进给运动是指为不断把余量投入切削的运动，如车削加工中车刀的纵向运动，刨削加工中零件的横向运动，如图 4-27 所示，进给运动的速度用进给量（f，单位为 mm/r）或进给速度（$v_f$，单位为 mm/min）表示。

主运动和进给运动是实现切削加工的基本运动，可以由刀具来完成，也可以由工件来完成；可以是直线运动（用 T 表示），也可以是回转运动（用 R 表示）。正是由于上述不同运动形式和不同运动执行元件的多种组合，产生了不同的加工方法。

### 4.3.2 金属切削机床

金属切削机床是进行金属切削的主要设备，是利用切削的方法将金属毛坯加工成零件的机器。

机床的种类繁多，国家根据机床的工作原理、结构性能及适用范围将机床分成车床、钻床、镗床、磨床、齿轮加工机床、螺纹加工机床、铣床、刨插床、拉床、特种加工机床、锯床和其他机床 12 类。

每类机床，又可按其结构、性能和工艺特点的不同细分为若干组。

如图 4-28 至图 4-32 所示是车床、铣床、刨床、钻床和磨床。由图可知，不同的机床由于工作原理和功能不同，其结构和形状有很大的差异。

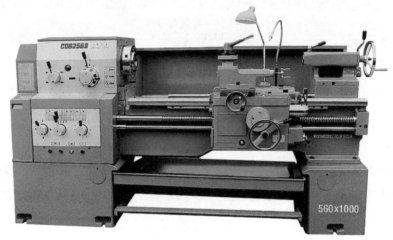

图4-28　卧式车床

图4-29　立式铣床

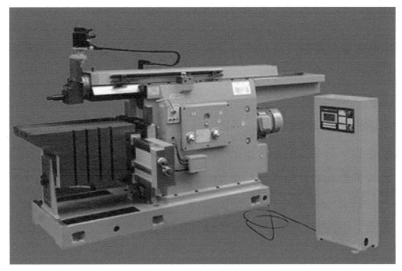

图4-30　牛头刨床

（a）台式钻床

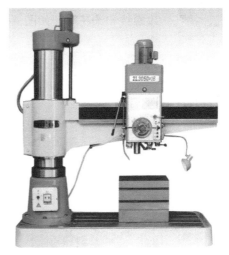

（b）摇臂钻床

图4-31　钻床

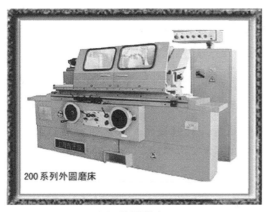

（a）外圆磨床

（b）平面磨床

图4-32　磨床

### 4.3.3　车削加工

用车刀在车床上加工零件（工件）称作车削，车削是切削加工中应用最为广泛的加工方法之一。

**1. 车削加工的主要运动**

（1）工件的旋转运动：是车床的主运动，其速度较高，是消耗机床功率的主要部分。

（2）刀具的移动：是车削的进给运动，刀具可以沿着工件旋转轴线方向纵向移动，也可以沿着与工件旋转轴垂直的方向作横向移动，刀具的移动轨迹不同，加工出来的工件形状就不同。

（3）切入运动：切入运动也称作吃刀运动，其的目的是加工出所需要的工件尺寸。

**2. 车削加工的特点**

（1）适用范围广，适应性强，车削可加工内圆柱面、外圆柱面、圆锥面，可车削端面和螺纹，还可以钻孔、扩孔、攻螺纹和滚花等，如图 4-33 所示。车削可适用于加工各种不同的材料。

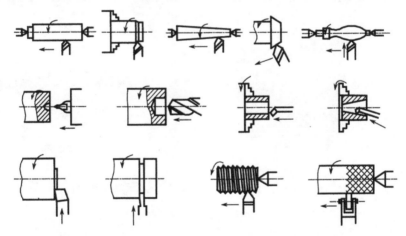

图4-33　车削加工的典型零件

（2）切削平稳，生产率高，车削加工时，工件的旋转运动一般来说不受惯性力的制约，加工时工件和刀具始终接触，冲击小，切削过程平稳，切削力变化小，因此可以采用较高的切削速度。另外，车削可以采用比较大的切削深度，切削用量大，生产率高。

（3）加工精度高：车削加工尺寸精度可达 IT8 ~ IT7，精细车削可达 IT6 ~ IT5；表面粗糙度可达 Ra3.2μm ~ Ra0.8μm，精细车削可达 Ra0.4μm ~ Ra0.2μm。

（4）刀具简单，成本低，车削所用的刀具结构简单，制造容易，韧磨和安装方便，生产准备时间短，生产成本低。

### 4.3.4　钻削加工

钻削是用钻头或扩孔钻在工件上加工圆孔的方法。用钻头在实体上加工孔称作钻孔，用扩孔钻扩大已有的孔称作扩孔。

## 1. 钻削的运动

在钻床上加工孔时，工件不动，刀具做旋转运动，并沿着孔的轴线方向移动，刀具的旋转运动是主运动，沿着孔的轴线运动是进给运动。钻孔一般用于孔的直径不大、精度要求不高的情况。钻床除了可以钻孔外，还可以进行扩孔、铰孔、攻螺纹、锪锥面及平面等加工，如图 4-34 所示。

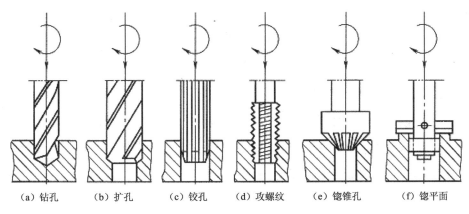

（a）钻孔　　（b）扩孔　　（c）铰孔　　（d）攻螺纹　　（e）锪锥孔　　（f）锪平面

图4-34　钻床加工方法

## 2. 钻削加工的特点

（1）钻削是半封闭式切削加工，切削过程中排屑和冷却都比较困难，当加工孔的深度与直径之比较大时尤为突出。

（2）钻孔刀具——麻花钻的直径受孔的限制，不能大于孔的直径，在加工较深的孔时，刚性差，导向性不好，外缘处切削速度最高，容易磨损。

（3）钻头制造和韧磨的质量直接影响加工质量，若两主切削刃不对称，则在径向力的作用下，会使钻头引偏，影响孔的位置精度和孔的加工质量。

如图 4-35 所示是麻花钻。

如图 4-36 所示是锪孔钻。

图4-35　麻花钻

图4-36　锪孔钻

如图 4-37 所示是台式钻床。

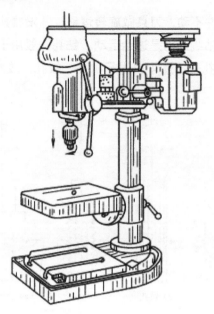

图4-37　台式钻床

如图 4-38 所示是摇臂钻床。

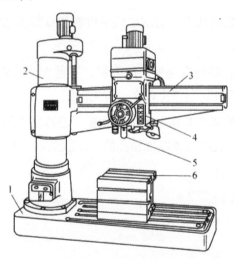

图4-38　摇臂钻床
1—底座；2—立柱；3—摇臂；4—主轴箱；5—主轴；6—工作台

## 4.3.5　铣削加工

用铣刀在铣床上对工件进行加工称作铣削加工，是广泛用于平面、沟槽、曲面等方面的加工方法。

### 1. 铣削加工的运动

铣床是进行铣削加工的机床，铣床的主运动是铣刀的旋转运动，工件的直线运动是进给运动。

**2. 铣削加工的特点**

（1）工艺范围广。铣削可以加工平面、沟槽、成型面、台阶、螺旋形面，还可以进行切断加工。如图 4-39 所示是常见的铣削加工方法。

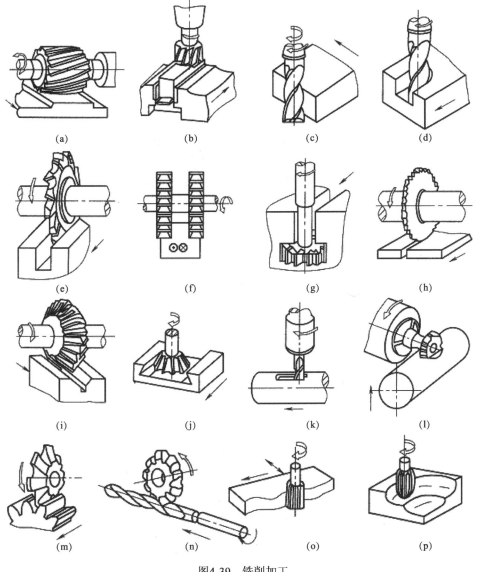

(a)　　　(b)　　　(c)　　　(d)

(e)　　　(f)　　　(g)　　　(h)

(i)　　　(j)　　　(k)　　　(l)

(m)　　　(n)　　　(o)　　　(p)

图4-39　铣削加工

（2）生产效率高。由于铣刀是多刀刃刀具，各个刀刃连续依次进行加工，没有空行程，铣削的主运动是旋转运动，有利于进行高速切削，切削速度可达 200 ~ 400m/min，因此铣削生产效率高。

（3）铣削时每个刀齿依次进行切削，每个刀齿总是一段时间进行切削，一段时间不进行切削，这样刀齿在不进行切削的时间，可得到冷却，有利于减少刀齿的磨损，提高刀具的寿命。

（4）容易产生振动。由于铣削时刀齿是不连续切削，并且切削厚度和切削力时刻都在变化，所以容易产生振动，影响加工质量。

（5）加工精度。粗铣可达 IT12 ～ IT9，粗糙度可达 Ra6.3μm，精铣可达 IT8 ～ IT7，粗糙度可达 Ra3.2μm ～ Ra1.6μm。

如图 4-40 所示是卧式升降台铣床。如图 4-41 所示是立式升降台铣床。

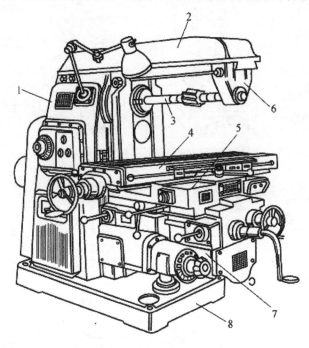

图4-40　卧式升降台铣床
1一床身；2一横梁；3一刀杆；4一工作台；5一滑座；6一悬梁支架；7一升降台；8一底座

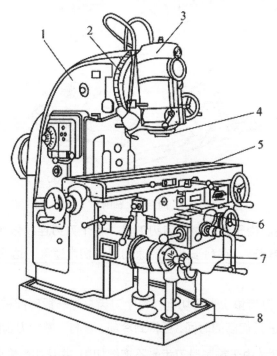

图4-41　立式升降台铣床
1一床身；2一会转盘；3一铣头；4一主轴；5一工作台；6一滑座；7一升降台；8一底座

## 4.4　常用金属材料

金属材料种类繁多，现在世界上纯金属有 86 种，而金属合金则由成千上万种，有些金属产量非常少，有些金属由于其化学性能、物理性能等原因，在产品设计中很少用到。在产品设计中常用的金属材料有钢铁材料、铝、铜、锡、钛、金、银及其合金等材料。

### 4.4.1　铸铁

铸铁是指含碳量在 2% 以上的铁碳合金。工业用铸铁一般含碳量为 2% ~ 4%。碳在铸铁中多以石墨形态存在，有时也以渗碳体形态存在。除碳外，铸铁中还含有 1% ~ 3% 的硅，以及锰、磷、硫等元素。铸铁可分为如下 4 种。

#### 1. 灰口铸铁

灰口铸铁含碳量较高（2.7% ~ 4.0%），碳主要以片状石墨形态存在，断口呈灰色，简称灰铁。熔点为 1145 ~ 1250℃，凝固时收缩量小，大约为 3%，抗压强度和硬度接近碳素钢，减震性好。灰口铸铁铸造性能好，切削加工容易，制造成本低，机械性能优良，在工业产品中得到最为广泛的应用，灰口铸铁通常是利用砂型铸造得到毛坯，再进行切削加工或其他加工得到制品。灰口铸铁韧性较差，属于脆性材料，不能进行拉伸、折弯、冲剪等塑性加工。

如图 4-42 所示是灰铸铁制品。如图 4-43 所示是灰铸铁旋塞阀。

图4-42　灰铸铁制品　　　　　　　　图4-43　灰铸铁旋塞阀

#### 2. 白口铸铁

白口铸铁的碳、硅含量较低，断口呈银白色。硬度高，脆性大，不能承受冲击载荷。

#### 3. 可锻铸铁

可锻铸铁由白口铸铁退火处理后获得，石墨呈团絮状分布，简称韧铁。其组织性能均匀，耐磨损，有良好的塑性和韧性。用于制造形状复杂、能承受强动载荷的零件。

**4. 球墨铸铁**

将灰口铸铁铁水经球化处理后获得，析出的石墨呈球状，简称球铁。比普通灰口铸铁有较高的强度、较的好韧性和塑性。球墨铸铁用于制造内燃机、汽车零部件及农机具等。

球墨铸铁机械性能优良，其抗拉强度和韧性都接近碳钢，目前主要应用在一些形状比较复杂，用碳钢难以制造的情况下。

灰口铸铁和球墨铸铁以其优良的机械和铸造性能，在现代工业中得到了广泛的应用，而其他铸铁材料在现代工业产品中则应用得较少。

如图 4-44 所示是球墨铸铁管道连接件。

图4-44　球墨铸铁管道连接件

## 4.4.2　碳素钢

**1. 定义**

含碳量在 0.02% ～ 2.11% 之间的铁碳合金，称作碳素钢，碳素钢除铁和碳以外，硅、锰、磷、硫等杂质含量都应在规定的限量以内，碳素钢不含其他合金元素。碳素钢的性能主要取决于含碳量。如果含碳量增加，钢的强度、硬度将会升高，塑性、韧性和可焊性会降低。

**2. 分类**

**1）按含碳量的多少分类**

碳素钢按含碳量的多少可分为低碳钢、中碳钢和高碳钢。

- 低碳钢：又称软钢，含碳量为0.02%～0.25%，低碳钢塑性好，适宜进行拉伸、折弯、锻造、焊接和切削加工成型，常用于制造容器等制品，厚度为1mm以下的薄铁板，绝大多数是由低碳钢制成的。

- 中碳钢：碳量为0.25%～0.60%的碳素钢。除含碳外还可含有少量锰（0.70%～1.20%）。热加工及切削性能良好，焊接性能较差。强度、硬度比低碳钢高，而塑性和韧性低于低碳钢。在中等强度水平的各种用途中，中碳钢得到最广泛的应用。

- 高碳钢：含碳量为0.60%～2.11%，强度、硬度比较高，而塑性和韧性较差，可以淬硬和回火。经过淬火的高碳钢由于硬度比较高，常被用来制造各种刀具。

2）按钢的品质分类

碳素钢按钢的品质可分为普通碳素钢和优质碳素钢。

- 普通碳素钢：普通碳素钢对含碳量、性能范围，以及磷、硫和其他残余元素含量的限制较宽。

- 优质碳素钢：优质碳素钢和普通碳素结构钢相比，硫、磷及其他杂质的含量较低。

3）按用途分类

碳素钢按用途可分为碳素结构钢、碳素工具钢。

碳素钢由于价格便宜，加工制造方便，是金属制品中应用最多的材料，碳素钢由于耐腐蚀性较差，在空气中极易生锈，因此碳素钢制品一般都要对表面进行防腐处理，如涂饰、电镀、表面改姓等。

## 4.4.3 合金钢

合金钢是在普通碳素钢基础上添加适量的一种或多种合金元素而构成的铁碳合金。根据添加元素的不同，并采取适当的加工工艺，可获得高强度、高韧性、耐磨、耐腐蚀、耐低温、耐高温、无磁性等特殊性能。

### 1. 合金钢的分类

合金钢种类很多，通常按合金元素含量多少分为低合金钢（含量 <5%），中合金钢（含量为 5%～10%），高合金钢（含量 >10%）；按质量分为优质合金钢、特质合金钢；按特性和用途又分为合金结构钢、不锈钢、耐酸钢、耐磨钢、耐热钢、合金工具钢、滚动轴承钢、合金弹簧钢和特殊性能钢（如软磁钢、永磁钢、无磁钢）等。

### 2. 不锈钢

在空气中和某些侵蚀性介质中耐腐蚀的钢称作不锈钢。

所有金属都和大气中的氧进行反应，在表面形成氧化膜。在普通碳钢上形成的氧化铁不能对内部的金属起到保护作用，仍然继续氧化，使锈蚀不断扩大，利用油漆或耐氧化的金属（如锌、镍和铬）涂敷在钢的表面可以保护钢不被侵蚀，但是，这种保护层仅仅是一种薄膜。如果保护层被破坏，下面的钢便开始锈蚀。

在钢中加入合金元素铬，当其含量达到 11.7% 以上时，钢的耐大气腐蚀性能显著提高，原因是用铬对钢进行合金化处理时，把表面氧化物的类型改变成了类似于纯铬金属上形成的表面氧化物。这种紧密黏附的富铬氧化物保护钢的表面，防止进一步氧化。这种氧化层极薄，透过它可以看到钢表面的自然光泽，使不锈钢具有独特的表面。而且，如果损坏了表层，暴露出的钢表面会和大气反应进行自我修复，重新形成这种氧化物"钝化膜"，继续起保护作用。

不锈钢基本合金元素除铬以外，还有镍、钼、钛、铌、铜、氮等，以满足各种用途对不锈钢组织和性能的要求。

不锈钢的耐蚀性随含碳量的增加而降低，因此，大多数不锈钢的含碳量均较低，有些不锈钢的含碳量甚至低于 0.03%（如 Cr12）。不锈钢中的主要合金元素是 Cr，只有当 Cr 含量达到一定值时，不锈钢才有耐蚀性。因此，不锈钢一般 Cr 均在 13% 以上。不锈钢由于耐腐蚀性强，很受设计师的欢迎，不锈钢可以通过切削加工成型，可以进行拉伸、折弯、锻打等塑性加工成型，也可以焊接成型。不锈钢制品表面不需要作防腐处理，可以制成具有强烈金属光泽，美观大方的制品，如图 4-25 至图 4-47 所示是不锈钢制品。

图4-45　不锈钢餐盘

图4-46　不锈钢防盗窗

图4-47　不锈钢厨具

不锈钢常按组织状态分为马氏体钢、铁素体钢、奥氏体钢等。另外，还可按成分分为铬不锈钢、铬镍不锈钢和铬锰氮不锈钢等。

● 铁素体不锈钢：含铬12%～30%。其耐蚀性、韧性和可焊性随含铬量的增加而提高，耐氯化物应力腐蚀性能优于其他种类的不锈钢。

属于这一类的有 Crl7、Cr17Mo2Ti、Cr25，Cr25Mo3Ti、Cr28 等。铁素体不锈钢因为含铬量高，耐腐蚀性能与抗氧化性能均比较好，但机械性能与工艺性能较差，多用于受力不大的耐酸结构及作抗氧化钢使用。这类钢能抵抗大气、硝酸及盐水溶液的腐蚀，并具有高温抗氧化性能好、热膨胀系数小等特点，用于硝酸及食品器具，也可制作在高温下使用的器具等。

- 奥氏体不锈钢：含铬大于18%，还含有 8%左右的镍及少量钼、钛、氮等元素。综合性能好，可耐多种介质腐蚀。奥氏体不锈钢的常用牌号有1Cr18Ni9、0Cr19Ni9等。0Cr19Ni9钢的C含量小于0.08%，钢号中标记为"0"。这类钢具有良好的塑性、韧性、焊接性和耐蚀性能，在氧化性和还原性介质中耐蚀性均较好，可以利用拉伸、冲压等工艺手段成型，可用来制作耐酸、耐蚀容器等。

- 奥氏体—铁素体双相不锈钢：兼有奥氏体和铁素体不锈钢的优点，并具有良好的塑性。

奥氏体和铁素体组织各约占一半的不锈钢。在含 C 量较低的情况下，Cr 含量为18%~28%，Ni 含量为 3%~10%。有些钢还含有 Mo、Cu、Si、Nb、Ti, N 等合金元素。该类钢兼有奥氏体和铁素体不锈钢的特点，与铁素体相比，塑性、韧性更高，无室温脆性，耐晶间腐蚀性能和焊接性能均显著提高，同时还保持有铁素体不锈钢的475℃脆性及导热系数高。与奥氏体不锈钢相比，强度高且耐腐蚀和耐氯化有明显提高。

- 马氏体不锈钢：强度高，但塑性和可焊性较差。

马氏体不锈钢的常用牌号有 1Cr13、3Cr13 等，因含碳较高，故具有较高的强度、硬度和耐磨性，但耐蚀性稍差，用于力学性能要求较高、耐蚀性能要求一般的一些制品上，如弹簧、日用刀具等。这类钢在淬火、回火处理后使用，可得到良好的机械性能。

### 4.4.4　有色金属

有色金属又称非铁金属，是铁、锰、铬以外的所有金属的统称。如铝、铜、钛、镍、锡、铅及其合金等。

有色金属可分为如下 4 类。

- 重金属：一般密度在4.5g/cm³以上，如铜、铅、锌等。
- 轻金属：密度小（0.53～4.5g/cm³），化学性质活泼，如铝、镁等。
- 贵金属：地壳中含量少，提取困难，价格较高，密度大，化学性质稳定，如金、银、铂等。
- 稀有金属：如钨、钼、锗、锂、镧、铀等。

#### 1. 铝及铝合金

铝及铝合金是工业中应用最广泛的一类有色金属材料，在航空、汽车、机械制造、船舶、化学工业及民用产品得到了大量应用。它在全世界的产量仅次于钢铁，占第二位，而在有色金属中则为第一位。

纯铝的密度只有铁的 1/3，熔点低（660℃），具有很高的塑性，易于加工，可制成各种型材、板材。具有优良的导电性、导热性、抗腐蚀性；纯铝的强度很低，退火状态$\sigma_b$值约为

80MPa，故不宜作结构材料。通过长期的生产实践和科学实验，人们逐渐以加入合金元素及运用热处理等方法来强化铝，这就得到了一系列的铝合金。添加一定元素形成的合金在保持纯铝质轻等优点的同时还能具有较高的强度，$\sigma_b$ 值分别可达 200 ~ 400MPa。这样使得其"比强度"（强度与比重的比值 $\sigma_b/\rho$）胜过很多合金钢，成为理想的结构材料，如图 4-48 和图 4-49 所示。

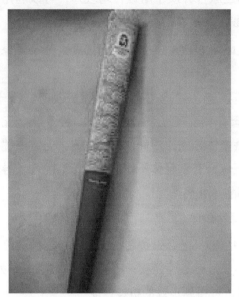

图4-48　铝合金制造的祥云火炬

图4-49　苹果电脑（铝合金外壳）

铝合金按加工方法可以分为形变铝合金和铸造铝合金。

形变铝合金又分为不可热处理强化型铝合金和可热处理强化型铝合金。不可热处理强化型不能通过热处理来提高机械性能，只能通过冷加工变形来实现强化，它主要包括高纯铝、工业高纯铝、工业纯铝及防锈铝等。可热处理强化型铝合金可以通过淬火和时效等热处理手段来提高机械性能，它可分为硬铝、锻铝、超硬铝和特殊铝合金等。

铸造铝合金按化学成分可分为铝硅合金、铝铜合金、铝镁合金、铝锌合金和铝稀土合金，其中铝硅合金又分为简单铝硅合金（不能热处理强化，力学性能较低，铸造性能好）、特殊铝硅合金（可热处理强化，力学性能较高，铸造性能良好）。

铸造铝合金的热加工性能好，可用金属模、砂模、熔模、石膏型铸造模进行铸造生产，也可用真空铸造、低压和高压铸造、挤压铸造、半固态铸造、离心铸造等方法成型，生产不同用途、不同品种规格、不同性能的各种铸件。

铸造铝合金在轿车上是得到了广泛应用，如发动机的缸盖、进气支管、活塞、轮毂、转向助力器壳体等。

高强度铝合金是指其抗拉强度大于 480MPa 的铝合金，主要是压力加工铝合金中防锈铝合金类、硬铝合金类、超硬铝合金类、锻铝合金类、铝锂合金类，如图 4-50 和图 4-51 所示。

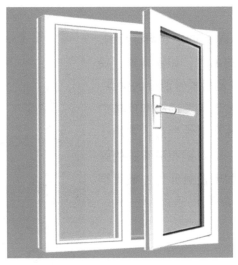

图4-50 铝合金平开窗

图4-51 铝合金艺术栏杆

**2. 铜及铜合金**

纯铜呈紫红色,又称紫铜。纯铜密度为 8.96g/m³,熔点为 1083℃,纯铜具有优良的导电性、导热性、延展性和耐蚀性。主要用于制作电机、电线、电缆、开关装置、变压器等电工电子器材和热交换器、管道等导热器材。

铜合金是以纯铜为基体加入一种或几种其他元素所构成的合金,按材料的成型方法可分为铸造铜合金和变形铜合金。但许多铜合金既可以用于铸造,又可以用于变形加工。通常变形铜合金可以用于铸造,而铸造铜合金却不能进行锻造、挤压、深冲和拉拔等变形加工。按化学成分铜合金可分为黄铜、青铜、白铜 3 类。

**1)黄铜**

黄铜是以锌作为主要合金元素的铜合金,黄铜具有黄金般的色彩,导电性和导热性极佳,机械性能良好,易于切削、抛光、焊接,铜锌二元合金称为普通黄铜或称简单黄铜。三元以上的黄铜称为特殊黄铜或复杂黄铜。为了改善普通黄铜的性能,常添加其他元素,如铝、镍、锰、锡、硅、铅等。如铝能提高黄铜的强度、硬度和耐蚀性,但使塑性降低,适合作耐蚀零件。锡能提高黄铜的强度和对海水的耐腐性,故称为海军黄铜,用做船舶热工设备和螺旋桨等。铅能改善黄铜的切削性能,这种易切削黄铜常用做钟表零件。黄铜铸件常用来制作阀门和管道配件等。船舶上常用的消防栓防爆月牙扳手,就是黄铜铸造而成,如图 4-52 所示。

图4-52 铜合金消防栓扳手

2）青铜

青铜原指铜锡合金，后除黄铜、白铜以外的铜合金均称青铜，并常在青铜名字前冠以第一主要添加元素的名称，如锡青铜、铅青铜。锡青铜具有铸造性能好、减摩性能好及机械性能好的优点，适合于制造轴承、蜗轮、齿轮等。铅青铜是现代发动机和磨床广泛使用的轴承材料。铝青铜强度高，耐磨性和耐蚀性好，常用于铸造高载荷的齿轮、轴套、船用螺旋桨等。铍青铜和磷青铜的弹性极限高，导电性好，适于制造精密弹簧和电接触元件，铍青铜还被用来制造煤矿、油库等使用的无火花工具等。

如图 4-53 所示是越王勾践剑。

3）白铜

白铜以镍为主要添加元素的铜合金。铜镍二元合金称为普通白铜，加有锰、铁、锌、铝等元素的白铜合金称为复杂白铜。工业用白铜分为结构白铜和电工白铜两大类。结构白铜的特点是机械性能和耐蚀性好，色泽美观。这种白铜广泛用于制造精密机械、化工机械和船舶构件。电工白铜一般具有良好的热电性能。锰铜、康铜是含锰量不同的锰白铜，是制造精密电工仪器、变阻器、精密电阻、应变片、热电偶等用的材料。

图4-53　越王勾践剑

3. 钛及钛合金

纯钛为银白色，钛的性能与碳、氮、氢、氧等杂质的含量有关，99.5%工业纯钛的性能为：密度为 4.5g/cm$^3$，熔点为 1725℃，导热系数 $\lambda$ =15.24W/m·K，抗拉强度，弹性模量 $E$=1.078×105MPa，硬度 HB195。

钛合金是以钛为基加入适量其他合金元素组成的合金。钛合金是 20 世纪 50 年代发展起来的一种重要的结构金属，钛合金因具有强度高、耐蚀性好、耐热性高等特点而被广泛用于各个领域。世界上许多国家都认识到钛合金材料的重要性，相继对其进行研究开发，并得到了实际应用。目前，世界上已研制出的钛合金有数百种，最著名的合金有 20 ~ 30 种，如 Ti-6Al-4V、Ti-5Al-2.5Sn、Ti-32Mo、Ti-Mo-Ni、Ti-Pd、Ti-1023、BT20、IMI829 等。

钛合金的密度一般为 4.51g/cm$^3$ 左右，仅为钢的 60%，纯钛的强度接近普通钢的强度，一些高强度钛合金超过了许多合金钢的强度。因此钛合金的比强度（强度/密度）远大于其他金属结构材料，可制出单位强度高、刚性好、质轻的零部件。目前飞机的发动机构件、骨架、蒙皮、紧固件及起落架等都使用钛合金。

由于钛合金在潮湿的大气和海水介质中，其抗蚀性远优于不锈钢，再加上钛合金具有亮丽的色泽，近年来在许多高档装饰材料中得到了广泛的应用，如图 4-54 所示。

图4-54　钛合金制匕首

钛合金按用途可分为耐热合金、高强合金、耐蚀合金、低温合金及特殊功能合金等，如图 4-55 所示是耐磨地坪。

图4-55　矽钛合金耐磨地坪

### 4. 锡及锡合金

锡是银白色的软金属，密度和熔点低，只有 232℃，锡很柔软，用小刀能切开它。锡的化学性质很稳定，在常温下不易被氧化，所以它能经常保持银闪闪的光泽。锡无毒，人们常把它镀在铜锅内壁，以防铜生成有毒的铜绿。将锡镀在薄铁板表面（马口铁）既可以保护铁板不被腐蚀，又可以保持银光闪闪的光泽，常被用来做食品包装材料，牙膏壳也常用锡制作（牙膏壳是两层锡中夹着一层铅做成的。近年来，我国已逐渐用铝代替锡制造牙膏壳）。

以锡为基体加入其他合金元素组成的有色合金。主要合金元素有铅、锑、铜等。锡合金熔点低，强度和硬度均低，它有较高的导热性和较低的热膨胀系数，耐大气腐蚀，有优良的减摩性能，易于与钢、铜、铝及其合金等材料焊接，是很好的焊料，也是很好的轴承材料。

1）锡合金的分类

常用的锡合金按用途分为如下几类。

（1）锡基轴承合金。与铅基轴承合金统称为巴氏合金。含锑3%～15%，含铜3%～10%，有的合金品种还含有10%的铅。锑、铜用以提高合金的强度和硬度。其摩擦系数小，有良好的韧性、导热性和耐蚀性，主要用以制造滑动轴承。

（2）锡焊料。以锡铅合金为主，有的锡焊料还含少量的锑。含铅38.1%的锡合金俗称焊锡，熔点约为183℃，用于电器仪表工业中元件的焊接，以及汽车散热器、热交换器、食品和饮料容器的密封等。

（3）锡合金涂层。利用锡合金的抗蚀性能，将其涂敷于各种电气元件表面，既具有保护性，又具有装饰性。常用的有锡铅系、锡镍系涂层等，如图4-56和图4-57所示。

图4-56　锡制烛台

图4-57　锡制杯子

锡合金（包括铅锡合金和无铅锡合金）可以用来生产制作各种精美合金饰品、合金工艺品，如戒指、项链、手镯、耳环、胸针、纽扣、领带夹、帽饰、工艺摆饰、合金相框、宗教徽志、微型塑像、纪念品等。

## 4.5　金属材料在产品设计中的应用

金属材料的自然材质美，光泽感、肌理效果构成了金属制品鲜明的特征，青铜的凝重、不锈钢的亮丽、白银的高贵、黄金的辉煌都从不同的色彩、肌理、质地和光泽中显示其审美的个性和特征，因此金属材料在产品设计中得到了广泛的应用。

设计实例：

（1）如图4-58所示的热水壶采用不锈钢制造，设计简洁明快，壶嘴设计独特，内装有鸣笛，开水时提醒人们注意；壶嘴通过一个细钩与壶把连接，在灌水时不至于丢失。

图4-58　热水壶

（2）如图 4-59 所示的电热水壶。其设计充分发挥不锈钢材质的特性，整体洁净高雅。底部采用酚醛塑料，起到隔热和绝缘的作用。

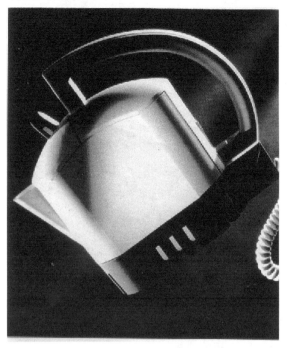

图4-59 电热水壶

（3）如图 4-60 所示的洗脸台水龙，由黄铜铸造，表面镀铬而成，设计采用直线、曲线和斜线组合，充分体现了理性美和材质美，高高扬起的水管，使水池有了更大的空间。

图4-60 洗脸台水龙

（4）如图 4-61 所示的烛台，造型简单，借助力学结构产生了动感。

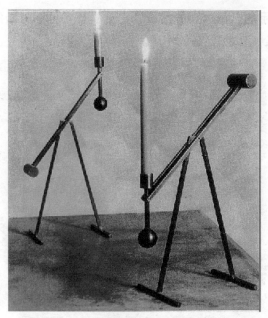

图4-61　烛台

（5）如图 4–62 所示的球型烛台，采用不锈钢材质，利用冲压工艺成型，光滑的球面上错落散布着凸起的空洞，使人们联想起月球上的环形山，产生一种神秘感，燃烧的火苗在金属球面上形成跳动的光点，彼此相映成趣。

图4-62　球型烛台

（6）如图 4–63 所示的金属椅，由设计师马里奥·博塔（Mario Btta）设计，椅架采用钢管弯曲焊接而成，椅面和靠背由钢板冲孔弯曲而成，此设计充分利用金属材料本身固有的刚性和柔性来达到稳固结实和柔韧舒适的双重目的。

图4-63 金属椅

（7）如图 4-64 所示为公共场所垃圾桶，用不锈钢制成，耐腐蚀，表面光亮整洁，方便清洗。

图4-64 垃圾桶

（8）明月椅（图 4-65）由日本设计师仓右四郎设计，椅子由 9 部分镀镍钢丝网焊接而成，各部分焊接点涂覆环氧树脂装饰并防腐，底部四边采用钢条加固，以支撑椅子的框架，设计者通过采用网状材料和对部件比例的巧妙安排，使人们产生好奇心，向人们传达精确的空间感和轻盈感。

图4-65　明月椅

（9）如图 4-66 所示是一件铸铁艺术制品，其设计造型质朴、自然、古拙，与现代大量流行的工业产品形成鲜明对照，给人以返璞归真的感觉，设计师在产品上巧妙利用了铸铁制品厚重的特点，进行艺术造型，体现出了一种自然真实的有机形态特征，给人以美的艺术享受。

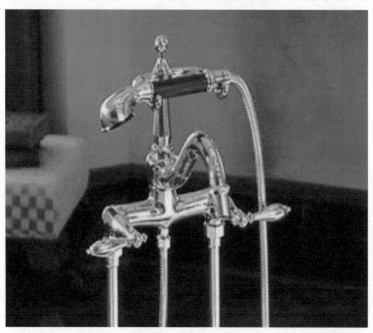

图4-66　铸铁艺术制品

（10）如图 4-67 所示是用一整张不锈钢，通过冲剪、拉伸等工艺成型制成的燃气灶，是由皮阿诺设计工场设计，炉盘为全不锈钢制成，光滑闪亮，经具有很强的整体性，经久耐用，一经光线装点，就清楚地表达了它的主要品质：简单、耐用、洁净和美观。

图4-67　燃气灶

（11）如图4-68所示的"YLS 115乌黑"手表，它的表带和表壳是由316L不锈钢经NIN（金属铸模）而成，这是20世纪70年代在美国发展起来的一种技术，制造时需要注入模中一种混有有机黏合剂的金属粉末，这种方法可以大批量制造精密复杂的零件，并可以提供精美的表面处理，制造出塑料特性的金属制品。

图4-68　不锈钢

（金属铸模）手表

（12）如图4-69所示是铝合金茶水柜，其框架由经过阳极氧化处理抛光铝合金制成，美观大方，给人以美的享受。

图4-69　铝合金茶水柜

（13）如图 4-70 所示的餐具，采用不锈钢冲压制成，造型精炼，无任何多余的装饰，系列化特点很强。

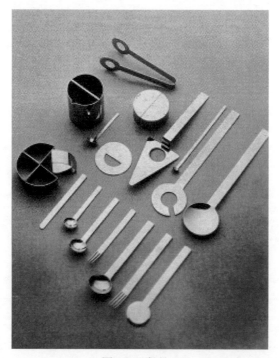

图4-70　餐具

（14）如图 4-71 所示的花瓶是荷兰设计师（Martin Filippi）设计的，设计者充分利用金属塑性成型的特点，由一整片不锈钢，经冲压、敲打、弯曲而成。

图4-71 花瓶

（15）如图 4-72 所示的铝合金椅是由荷兰设计师 Piet Hein Eek 和 Nob Ruijgrok 设计的，采用 2mm 厚阳极氧化铝合金板，板材切割后经电脑控制打孔和压弯机弯曲成型，各部分零件采用螺栓或铆钉组装在一起。

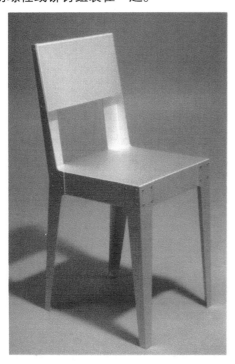

图4-72 铝合金椅

（16）如图 4-73 所示的"锚鱼"剪子是意大利设计师 Fraccescd Filippi 设计的剪子，设计者将猫和鱼的形象组合成一把剪子，它由两片不锈钢绞合而成，不锈钢镀钛，既美观又坚固耐用。

图4-73  "锚鱼"剪子

## 复习思考题

1. 什么是黑色金属？什么是有色金属？

2. 金属材料有哪些优良的造型特征？

3. 设计砂型铸造零件时应注意哪些问题？

4. 熔模铸造适用于什么样的制品？

5. 金属的塑性成型方法有哪些？各有什么特点？

6. 设计锻造件时应注意哪些问题？

7. 设计冲压件时应注意哪些问题？

8. 什么是金属的焊接？

9. 手工电弧焊适用于哪些材料的焊接？

10. 什么是电阻焊？

11. 什么是钎焊？钎焊时需要哪些材料？

12. 金属的切削加工有什么特点？

13. 切削加工的基本运动有哪些？

14. 车削加工有什么特点？

15. 钻削加工有什么特点？

16. 铣削加工有什么特点？

17. 什么是铸铁？什么是碳素钢？什么是合金钢？

18. 常用有色金属有哪些？各有什么特点？

# 第5章
# 塑料及加工工艺

**本章重点：**

◆ 高分子聚合物的特点、分子结构、力学状态。高分子聚合物的分类与命名。

◆ 塑料的组成与分类，塑料的特征。

◆ 塑料的注塑成型、挤出成型、压制成型、吹塑成型、发泡成型、压延成型原理、特点与适用范围。塑料的二次加工的概念与常用方法。

◆ 常用通用塑料、与工程塑料基本特征。

◆ 塑料在产品设计中实际应用。

**学习目标：**

◆ 通过本章的学习，掌握高分子聚合物的基础知识，掌握常用塑料材料的性能及应用范围。熟悉常用塑料添加剂的作用原理、常用品种及应用范围，熟悉塑料的常用成型加工工艺，能够根据加工方法和产品的使用性能要求，选用合适的材料设计塑料制品。

## 5.1 高分子聚合物基础知识

自然界中的物质，按分子量的大小可分为两大类，一类是低分子物质，这类物质分子量较小，一般在 $10^2$ 以下，分子中只含有几个到几十个原子，如氧、铁、水等。另一类物质分子量很大，一般在 $10^4$ 以上，称为高分子化合物，如橡胶，棉花、聚乙烯、聚氯乙烯等。

高分子化合物，按其来源可分为天然高分子化合物和人工合成高分子化合物，在产品设计中使用的高分子化合物主要是人工合成高分子化合物。

高分子化合物虽然分子量很大，但它的化学成分一般并不复杂，组成高分子化合物的每个大分子都是由一种或几种较简单的低分子重复连接而成的。由低分子到高分子化合物的转变，称为聚合，所以高分子化合物又称高分子聚合物，简称高聚物。聚合以前的低分子化合物称为单体，单体是组成高分子化合物的基本单位。例如，聚乙烯是由乙烯聚合而成的，聚氯乙烯是由氯乙烯聚合而成的。低分子化合物聚合形成高分子化合物的化学反应过程，称为聚合反应。

### 5.1.1 高分子聚合物的特点

由于分子量非常大，所以高分子聚合物具有与低分子物截然不同的性能，归纳比较有如下几点：

1. **具有可分割性**

低分子物质的分子不能用机械的方法把它分开，如果把它分开，就成为另一种物质，而高分子聚合物因为其分子很大，当用外力将分子拉断或切开变成两个分子后，其性质一般没有明显变化，高分结构的这种特征称为可分割性。

2. **具有高弹性**

高分子聚合物处在高弹态时在外力的作用下发生很大的变形，当外力去除后仍可恢复到原来状态，即具有很大的弹性。

3. **具有可塑性**

由于高分聚合物的分子结构是大分子链结构，当链的某一部分受热后，需经过一定的时间间隔，整个链才会变软，因此高分子聚合物受热达到一定温度后，需经过一个较长的软化过程，然后才能转变为黏流状态，这时高分子化合物具有可塑性，人们可以利用这一特点，将其加工成型。

4. **具有电绝缘性**

高分子聚合物的分子长度与直径之比都大于 1000，分子中的化学键都是共价键，不能电离，不能传递电子，因此高分子聚合物都是电的绝缘体。

**5. 对热和声的传导性差**

高分子聚合物的大分子链呈蜷曲状态，互相纠缠在一起，在热或声作用之下分子不易振动，因此它对热、对声传导性也较差。

### 5.1.2  高分子聚合物的分子结构

由于高分子聚合物的分子比低分子材料大得多，所以其分子结构与低分子材料有着明显的不同。

**1. 线型结构**

如图5-1（a）所示，大分子的基本结构单元以共价键相互连成一条线型长链，但也有一些线型结构如图5-1（b）所示，是一条很长的主链和许多较短的支链相互连接成若干分支链，这种结构称为支链型结构。

线型结构的大分子长链，通常情况下是蜷曲的，在外力的作用下可以伸长，外力取消后又能恢复原状，这类聚合物表现出良好的弹性。在加热或溶剂的作用下，其结合力减弱，甚至消除，从而表现出可熔和溶解的特性。它们具有良好的热塑性，加热时可以软化，冷却后变硬，并且可以反复进行，因此易于成型，成为热塑性高聚物，如聚乙烯、聚丙烯、聚氯乙烯等都属于这类物质。

**2. 体型结构**

体型结构的特征是在长链大分子之间，有若干支链，以强的化学键交联在一起，形成三维网状的体型结构，如图5-1（c）所示。体型结构的大分子热压成型后，再次加热呈现出不熔融特征，在溶剂中呈现出不溶解的特征。这种高聚物的可塑性差，在加热时不能熔融流动，所以只能在形成交联结构之前加热模压，一次成型，所以被称为热固性高聚物，如酚醛树脂、环氧树脂等都属于这种物质。

    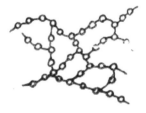

（a）线型结构　　　　　　　（b）支链型　　　　　　　（c）体型

图5-1  高分子结构示意图

### 5.1.3  大分子的聚集态结构

低分子物质根据原子或分子的排列是否有规律而分为晶态和非晶态，而高分子聚合物按分子在空间的排列是否有规则，也可以分为晶态和非晶态两类，所不同的是，即使晶态高聚物中也总有非晶区存在，就是说高聚物中分子的排列不像金属晶体那样完全规则，而是部分有序，部分没有序。

高聚物中晶区所占的质量或体积的百分数称为结晶度，一般来说高聚物的结晶度较小，即使典型的结晶高聚物，其结晶度也只有50%～80%。高聚物的结晶，多发生在线型聚合物中，尤其是支链型，含交连不多的体型聚合物也可以结晶，但结晶度很小。

完全由非晶区组成的高聚物称为无定型高聚物，如聚苯乙烯、有机玻璃。体型高聚物由于分子间有大量的交连分子链，不可能产生规则排列，因此都是无定型高聚物。

### 5.1.4 高分子聚合物的力学状态

高分子聚合物的分子链长、分子量大、分子长短不一，分子链结构复杂，在外力作用下，不同温度时，运动的分子结构单元不同，使高分子聚合物的力学状态呈现出多样性。

#### 1. 线型无定形高聚物的力学状态

（1）玻璃态：相当于低分子物的固态，在比较低的温度下，高聚物的大分子链和链段都不能产生运动，在外力的作用下，只能是大分子中的原子作轻微的振动，从而产生较小的可逆形变。高聚物呈现玻璃态的最高温度称为玻璃化温度$T_g$。不同的高聚物，其$T_g$也不同，高聚物处在玻璃态时具有较好的机械性能，因此凡$T_g$高于室温的高聚物都可作结构材料，如各种塑料。当温度低于$T_g$以下某一温度时，高聚物就呈现脆性，这个温度称为脆化温度，在此温度以下，高聚物处于脆性状态而失去使用价值，如图5-2所示。

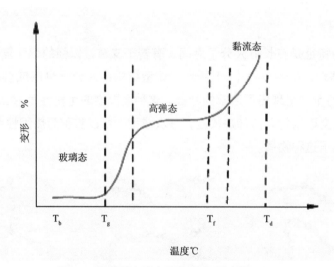

图5-2　线型无定形高聚物形变-温度图

（2）高弹态：当温度大于$T_g$时，高聚物由刚硬的固体转变为柔软具有极高弹性的固体，即由玻璃态转变为高弹态，也称作橡胶态。处于高弹态的高聚物在外力的作用下，能够产生很大的变形，外力撤去后仍然可恢复到原来的形状。

（3）黏流态：当温度继续升高，分子动能增加到使链段和整个大分子都可以移动时，高聚物成为可流动的黏稠液体称作黏流态。由高弹态转变为黏流态的温度称作黏流温度$T_f$，此时大分子链开始运动，产生相对滑移，形成很大的变形，而这种变形是不可逆的。因此黏流态是一种工艺状态，而不是使用状态。

在室温下处于玻璃态的高聚物可作为固体材料使用，如大多数塑料材料；在室温下处于高弹态的高聚物可作为弹性体使用，如橡胶；在室温下处于黏流态的高聚物则是流动性树脂。

### 2. 线型结晶高聚物的力学状态

结晶高聚物的熔点高于无定形高聚物的 $T_g$，并且没有高弹态。因此，结晶高聚物作为塑料使用时，就可扩大使用的温度范围。而且结晶高聚物由于分子之间作用力较大，因此有较高的强度。

### 3. 体型高聚物的力学状态

体型高聚物由于交连束缚着大分子链，使大分子链不能产生相互滑动，没有力学状态的变化，也没有黏流态出现。所以在加热到很高温度发生分解以前，都有较好的机械强度和较小的变形，做工程结构材料使用时，耐热性较好，称作热固性高聚物。

## 5.1.5　高分子聚合物的分类与命名

高分子聚合物品种繁多，性质各异，为了研究高分子聚合物的结构与性质，更好地使用它们，就要按一定原则对其进行分类和命名。

### 1. 高分子聚合物的分类

为了研究和很好地利用高分子聚合物，人们对高分子化合物采用了多种分类方法，常见的分类方法如表 5–1 所示。

在上述分类方法中，以按高分子的化学组成及结构分类（即按主链结构分类）最为重要，它对于阐明已知聚合物的结构与性能的关系，以及预测新的高分子聚合物具有重要意义。

### 2. 高分子聚合物的命名

高分子聚合物的命名尚未完全系统化，目前多采用习惯法命名。天然高分子化合物一般按来源和性质用其俗名，如天然塑胶、纤维素、虫胶等。合成的高分子聚合物中加聚物的命名一般是常用单体的名称加"聚"字，如聚乙烯、聚丙烯、聚甲基丙烯酸甲酯等。缩聚物因与单体的组成不同，它们的命名可按结构单元加"聚"字，如聚甲醛。若缩聚产物结构复杂，则常以原料名称命名，并在名称之后加"树脂"二字。如酚醛树脂、环氧树脂等。目前树脂二字的应用范围已扩大了，凡未加工的高聚物，都称为树脂。

此外，有些高分子聚合物用商品名命名，如有机玻璃（聚甲基丙烯酸甲酯）、电木（酚醛塑料）、电玉（脲醛塑料）、尼龙（聚酰胺）等。虽然各国或厂家称呼不统一，但是应用却极为广泛。还有不少聚合物常用英文名称的第一个字母表达，例如：PE——聚乙烯、PVC——聚氯乙烯，PS——聚苯乙烯。采用代表符号应用比较方便，但应注意，极少数聚合物可能有物质不同而代表符号相同的问题。

表5-1　高分子聚合物的分类

| 分类原则 | 类别 | 举例与特征 |
|---|---|---|
| 按高聚物的来源分 | 天然高聚物 | 天然橡胶、纤维素、蛋白质 |
| | 人造及合成高聚物 | 如聚乙烯、聚丙烯 |
| 按聚合反应类型分 | 加聚物 | 由加聚合成反应得到，如聚氯乙烯、聚苯乙烯 |
| | 缩聚物 | 由缩聚合成反应得到，如酚醛树脂 |
| 按高聚物的性质分 | 塑料 | 有固定形状、热稳定性与机械强度，如聚乙烯 |
| | 橡胶 | 具有高弹性，可作弹性材料与密封材料 |
| | 纤维 | 单丝强度高，多做纺织材料 |
| 按热行为分 | 热塑性高聚物 | 线型分子结构，可熔、可溶 |
| | 热固性高聚物 | 体型分子结构，不熔、不溶 |
| 按分子结构分 | 线型高聚物 | 高分子为线型或支链型结构 |
| | 体型高聚物 | 高分子为体型结构 |

## 5.2　塑料的基本特性

塑料是一类具有可塑性的合成高分子材料。它与合成橡胶、合成纤维形成了当今日常生活中不可缺少的三大合成材料。塑料是以天然或合成树脂为主要成分，加入各种添加剂形成的一种材料。是一种在一定温度和压力等条件下可以塑制成一定形状、大小不同的制品，加工完成后，在常温下呈现固态形状，可以保持形状不变的材料。

### 5.2.1　塑料的组成

根据塑料的组成不同，塑料可分简单组合与复杂组合两类。简单组合的塑料基本上由一种物质（树脂）组成，如聚四氟乙烯等。也有仅加入少量色料、润滑剂等辅助物质，如聚苯乙烯、有机玻璃等。复杂组合的塑料则由多种成分组成，除树脂外，还加入各种添加剂。如酚醛塑料、环氧塑料等。现对塑料的组成分述如下：

**1. 树脂**

树脂是塑料的主要成分,树脂这一名词最初是由动植物分泌出的脂质而得名的,如松香、虫胶等，目前树脂是指尚未和各种添加剂混合的高聚物。树脂占塑料总重量的40% ~ 100%。塑料的基本性能主要决定于树脂的本性，它是塑料中起黏结作用的部分，也叫黏料，虽然添加剂能显著地改变塑料的性能，但树脂的种类、性质及它在塑料中占有的比例大小，对于塑料的性能起着决定性的作用。所以人们常把树脂看成是塑料的同义词。例如，把聚氯乙烯树脂与聚氯乙烯塑料、酚醛树脂与酚醛塑料混为一谈。其实树脂与塑料是两个不同的概念。树脂是一种未加工的原始聚合物，它不仅用于制造塑料，而且还是涂料、胶黏剂及合成纤维的原料。塑料除了极少一部分含100%的树脂外，如有机玻璃、聚苯乙烯，绝大多数的塑料，除了主要组分树脂外，还需要加入其他物质。

制造塑料的树脂有天然树脂和合成树脂两大类。天然树脂是自然界中存在的一类由动植物分泌的有机物物质，如松香、虫胶等。这类天然产物的共同特点是没有共同的熔点，受热后可逐渐软化，不溶于水，但能溶于某些有机溶剂（如乙醇、乙醚）之中。天然树脂由于产量极少，性能又不够理想，现在已很少用来制造塑料。合成树脂就是用人工合成的方法，将低分子有机化合物（一般从石油、天然气、煤或农副产品中提炼出的物质）做原料，经过化学合成而制造出的，如聚乙烯、聚氯乙烯、酚醛树脂等。合成树脂是现代塑料的基本原料。

## 2. 填充剂

填充剂又称填料，它可以提高塑料的强度和耐热性能，并降低成本。例如，酚醛树脂中加入木粉后可大大降低成本，使酚醛塑料成为廉价的塑料之一，同时还能显著提高机械强度。填料可分为有机填料和无机填料两类，前者如木粉、碎布、纸张和各种植物纤维等，后者如玻璃纤维、硅藻土、石棉、炭黑等。在许多塑料中填料占有相当的比重，为 20% ~ 60%。正确选用填料，可以使塑料具有树脂所没有的新性能，从而扩大它的使用范围。例如，加入铝粉可提高光反射能力及防止老化；加入石棉可提高耐热性；加入云母粉可改善电性能；加入二硫化钼可提高自润滑性。

对填料的要求如下：易被树脂润湿，与树脂具有很好的黏附性，本身性质稳定、价格便宜、来源丰富等。

## 3. 增塑剂

增塑剂可增加塑料的可塑性和柔软性，降低脆性，使塑料易于加工成型。增塑剂的作用主要是在大分子链中加入低分子物质后，会使大分子链间拉开距离，降低其分子间作用力，增加大分子链的柔顺性（大分链的形状及末端距每一瞬间都不相同，大分子链时而蜷曲时而伸展的状况，这种特性称为大分子链的柔顺性，这是造成高分子材料具有良好的弹性及韧性的主要因素），更有利于塑料产品的成型。因此，增塑剂的加入，能降低塑料的软化温度和硬度，提高塑料的韧性。

对增塑剂的要求是：与树脂有较好的相溶性；挥发性小，不易从制品中跑出来；无毒、无味、无色；对光和热比较稳定。常用增塑剂是液体或低熔点固体有机化合物，其中主要有邻苯二甲酸酯类、癸二酸酯类和氧化石蜡等。增塑剂的用量一般不超过 20%。

## 4. 润滑剂

润滑剂的作用是防止塑料在成型时黏在金属模具上，同时可使塑料的表面光滑美观。常用的润滑剂有硬脂酸及其钙镁盐等。

## 5. 着色剂

着色剂可使塑料具有各种鲜艳、美观的颜色。在塑料中可以使用有机染料或无机颜料着色。一般要求染料的性质稳定，不易变色，着色力强、色泽鲜艳、耐温、耐光性好、不与其他成分（如增塑剂、稳定剂）起化学反应、与树脂有很好的相溶性。

### 6. 固化剂

热固性树脂成型时，由线型结构向体型结构转变的过程中，需要加入的某种物质称作固化剂，它的作用是与树脂起化学反应，形成不溶、不熔的交联网状结构，成为较坚硬和稳定的塑料制品。

### 7. 稳定剂

为了防止合成树脂在加工和使用过程中受光和热的作用分解和破坏，延长使用寿命，要在塑料中加入稳定剂。一般稳定剂的用量为千分之几。对稳定剂的要求如下：能耐水、耐油、耐化学药物，并与树脂相溶，在成型过程中不分解。稳定剂有抗氧剂和紫外线吸收剂等。一般抗氧剂为酚类及胺类等有机物，常用的有硬脂酸盐、环氧树脂等，炭黑为紫外线吸收剂。

### 8. 阻燃剂

阻燃剂的作用是遏止燃烧或造成自熄。比较成熟的阻燃剂有氧化锑等无机物或磷酸酯类和含溴化合物等有机物。

除了上述助剂外，塑料中还可加入抗静电剂、发泡剂、溶剂和稀释剂等，以满足不同的使用要求。加入银、铜等粉末可得到导电塑料；加入磁粉可制成导磁塑料等。添加剂的种类较多，并非每一种塑料都要加入全部添加剂，应根据塑料品种和产品的功能要求加入所需的某些添加剂。

## 5.2.2 塑料的分类

塑料品种繁多，到目前为止，已投入工业生产的有 400 多种，主要品种有近百种，对于众多的塑料其分类方法也较多，常用的分类方法有以下两种：

### 1. 按使用特性分类

根据塑料使用特性，通常将塑料分为通用塑料、工程塑料和特种塑料 3 种类型。

1）通用塑料

一般是指产量大、用途广、成型性好、价格便宜的塑料。如聚乙烯（PE）、聚丙烯（PP）、聚氯乙烯（PVC）、聚苯乙烯（PS）、酚醛树脂等。

2）工程塑料

一般是指能承受一定外力作用，具有良好的机械性能和耐高温、低温性能，尺寸稳定性较好，可以用做工程结构的塑料，如聚酰胺、聚四氟乙烯、ABS 等。

3）特种塑料

一般是指具有特种功能，可用于航空、航天等特殊应用领域的塑料。如氟塑料和有机硅具有突出的耐高温、自润滑等特殊功用，增强塑料和泡沫塑料具有高强度、高缓冲性等特殊性能，这些塑料都属于特种塑料的范畴。

### 2. 按热行为特性分

根据塑料受热时的行为，可以把塑料分为热固性塑料和热塑料性塑料两种类型。

1）热塑料性塑料

热塑性塑料为线形分子结构，加热后会熔化，可流动至模具冷却后成型，再加热后又会熔化；可运用加热和冷却，使其产生可逆变化（液态←→固态）。通用的热塑性塑料其连续的使用温度在100℃以下，聚乙烯、聚氯乙烯、聚丙烯、聚苯乙烯并称为四大通用塑料。热塑性塑料受热时变软，冷却时变硬，能反复软化和硬化并保持一定的形状。可溶于一定的溶剂，具有可熔、可溶的性质。热塑性塑料具有良好的电绝缘性，特别是聚四氟乙烯（PTFE）、聚氯乙烯（PVC）、聚苯乙烯（PS）、聚乙烯（PE）、都具有极低的介电常数和介质损耗，宜作高频和高压绝缘材料。热塑性塑料易成型加工，但耐热性较低，易蠕变，其蠕变程度随承受负荷、环境温度、溶剂、湿度的变化而变化。

2）热固性塑料

热固性塑料是指在一定温度下或固化剂、紫外线等条件下固化生成具有不溶、不熔特性的塑料，如酚醛塑料、环氧塑料、氨基树脂、有机硅等。热固性塑料固化后不再具有可塑性。它们具有刚度大、硬度高、尺寸稳定、耐热性高、受热不易变形等优点。缺点是机械强度一般不高，但可以通过添加填料，制成层压材料或模压材料来提高其机械强度。

## 5.2.3 塑料的主要特性

塑料与其他材料比较具有以下特性：

● 耐化学侵蚀：一般塑料对酸碱等化学物都具有良好的抗腐蚀性，例如，聚四氟乙烯能耐各种酸碱的侵蚀，甚至在黄金都能溶解的王水中也不受影响。

● 质轻、比强度高：一般塑料的密度在$0.9 \sim 2.3 g/cm^3$之间，最轻的聚乙烯、聚丙烯的密度约为$0.9 g/cm^3$，比水还小，最重的聚四氟乙烯也只有$2.3 g/cm^3$，但比强度高，超过了金属材料。

● 富有光泽，能着鲜艳色彩，部分透明或半透明，如表5-2所示。

表5-2 塑料透光率与玻璃比较

| 板厚3mm | 透光率 | 板厚3mm | 透光率 |
| --- | --- | --- | --- |
| 有机玻璃 | 93% | 聚酯树脂 | 65% |
| 聚苯乙烯 | 90% | 脲醛树脂 | 65% |
| 硬质聚氯乙烯 | 80%～88% | 玻璃 | 91% |

● 良好的电绝缘性：几乎所有的塑料都是良好的电绝缘体，它可以和陶瓷、橡胶等绝缘材料相媲美，在电器和电子工业中得到了广泛的应用。

● 成型加工容易，可大量生产，价格便宜。以制造形状比较复杂的产品，可比较自由地表达设计师构思的艺术形象。可方便地进行切削、焊接、表面处理等二次加工，用塑料制品代替金属制品，可节约大量的金属材料。

- 优美舒适的质感：塑料具有适当的弹性，给人以柔和、亲切的触觉质感。塑料表面光滑、纯净，可制造出各种美丽的花纹，着色容易，色彩艳丽，外观保持好。塑料还可以模拟出其他材料的天然质感，如可以模拟出金属的光泽表面。有机玻璃本身无色透明，如果在有机玻璃中加入染料，就可以制造出鲜艳夺目的彩色有机玻璃，给人以富丽堂皇和高雅的质感效果。

- 优良的耐磨性和自润滑性：塑料一般比金属材料软，但塑料的摩擦、磨损性能却远高于金属，塑料的摩擦系数比较低，有些塑料具有自润滑性，如用聚四氟乙烯制造的轴承，可以在无润滑油的情况下工作。

塑料除了上述特点外还存在一些缺点，主要有以下几点：

- 硬度和强度不如金属。

- 塑料容易燃烧，燃烧时产生有毒气体。例如，聚苯乙烯燃烧时产生甲苯，这种物质很少的量就会导致失明，吸入有呕吐等症状，PVC燃烧也会产生氯化氢有毒气体，除了燃烧，在高温环境下，会分解出有毒成分，如苯环等。

- 塑料制品容易变形，温度变化时尺寸稳定性较差，成型收缩较大。

- 塑料是由石油炼制的产品制成的，石油资源是有限的。

- 塑料无法被自然分解，造成白色污染。

- 塑料制品存在老化现象。在长期使用过程中，质量会逐渐下降，在周边环境的作用下，塑料的色泽会改变，机械性能下降，变得硬脆或软黏而无法使用。塑料老化是塑料的产品的一个重要缺陷。

## 5.3 塑料的成型加工工艺

塑料的成型加工是指由合成树脂制造厂制造的聚合物制成最终塑料制品的过程。加工方法（通常称为塑料的一次加工）包括压塑（模压成型）、挤塑（挤出成型）、注塑（注射成型）、吹塑（中空成型）、压延等。

### 5.3.1 注塑成型

注塑成型又称注射成型。注塑成型是使用注塑机（或称注射机）将热塑性塑料熔体在高压下注入到模具内经冷却、固化获得产品的方法。

注射成型的原理如图5-3所示，利用塑料的可挤压性和可模塑性，将松散的颗粒状塑料送入注射机的料斗，在机筒内加热熔融塑化，使之成为黏流态熔体，在螺杆（或柱塞）的高压推动下，通过机筒前端的喷嘴注射进入温度较低的闭合模具中，经过一段保压、冷却、定型时间后，打开模具便从模腔中脱出具有一定形状和尺寸的塑料制件。不断重复上述过程，即可不断地制造出塑料制件。

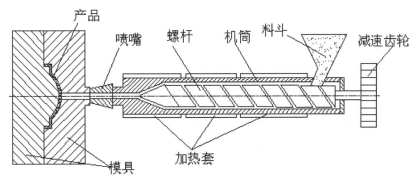

图5-3　注射成型

注射成型是通过注射机来实现的，注射机的种类很多，目前使用最为广泛的是移动螺杆式注射机和柱塞式注射机，无论哪一种，其基本作用均为两个，一是加热塑料，使其达到熔化状态；二是对熔化状态的塑料施加高压，使其射入模具，并充满模具的型腔。注射机构和其他机械一样，也经历了一个改进和发展的过程，早期出现的注射机是柱塞式的，后来出现了单螺杆式定位注射机，再后来出现了移动螺杆式注射机。移动螺杆式注射机的效果与定位注射机相当，但其结构简单，制造方便，是目前应用最多的一种注射机。

注射成型控制的因素主要是温度、压力和成型周期，被称作注射成型的三要素。

**1. 温度**

注塑过程需要控制的温度有料筒温度、喷嘴温度和模具温度等。前两种温度主要影响塑料的塑化和流动，后一种温度主要影响塑料的流动和冷却。每一种塑料都具有不同的流动温度，同一种塑料，由于来源或牌号不同，其流动温度及分解温度也是有差别的，这是由于平均分子量和分子量分布不同所导致的，塑料在不同类型的注射机内的塑化过程也是不同的，因而选择温度也不相同。

**2. 压力**

注塑过程中压力包括塑化压力和注射压力两种，压力直接影响塑料的塑化和制品质量。

**3. 成型周期**

完成一次注射模塑过程所需的时间称为成型周期，又称模塑周期。它实际包括注射时间、冷却时间和其他时间。成型周期直接影响劳动生产率和设备利用率。因此，在生产过程中在保证质量的前提下，应尽量缩短成型周期中各个有关时间。

注射时间中的保压时间就是对型腔内塑料的压力的保持时间，在整个注射周期内所占的比例较大，一般为20～120秒（特厚制件可高达5～10分钟）。保压时间的长短，对制品尺寸精确性有直接影响，保压时间的最佳值依赖于料温、模具温度及主流道和浇口的大小。

冷却时间主要取决于制品的厚度、塑料的结晶性能，以及模具温度等。

成型周期中的其他时间则与生产过程是否连续化和自动化，以及两化的程度等有关，如图5-4所示是卧式注射机，如图5-5所示是立式注射机。

图5-4　卧式注射机　　　　　　　　　　图5-5　立式注射机

注射成型几乎适用于所有的热塑性塑料。近年来，注射成型也成功地用于某些热固性塑料。注塑成型的成型周期短（几秒到几分钟），成型制品质量可由几克到几十千克，能一次成型外形复杂、尺寸精确、带有金属或非金属嵌件的制品。因此，该方法适应性强，生产效率高。缺点是设备及模具成本高，注射机清理较困难等。

如图5-6所示是注塑成型制品。

图5-6　注塑成型制品

由于注射加工涉及注射模具的制作，注射模具的制作和修改费时费力，在注射零件的成本中注射模具的成本占有很大的比例，一套模具的成本少则上万元，多则几十万元。当注射模具制造完成后，如果零件设计发生修改，注射模具就需要作相应的修改，这势必会带来模具成本的上升。而有些时候因为模具结构的关系，注射模具无法进行修改，只能重新设计制造一副新的模具，那么带来的成本和时间上的损失就更无法衡量了，因此，对通过注射加工工艺而获得的塑料零件，在满足产品功能、质量及外观等要求下，塑料零件设计要尽量使注射模具加工简单、制造周期短、成本低，同时要考虑有利于零件的注射，以缩短注射时间、提高效率、减少零件缺陷、保证制品的质量。

## 5.3.2　挤出成型

挤出成型又称挤塑，是热塑性塑料成型的重要方法之一。如图 5-7 所示，挤出成型是使用挤出机（挤塑机）将加热至黏流态的树脂，在压力的作用下，通过挤塑模具挤出而成为截面与口模形状相仿的连续体，然后进行定型、冷却为玻璃态，经切割而得到具有一定几何形状和尺寸的塑料制品。

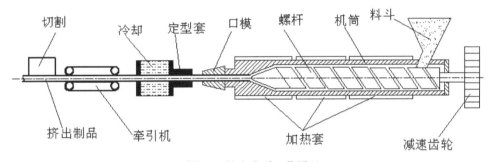

图5-7　挤出成型工艺原理

挤出成型制品截面的形状取决于口模的形状，但挤出后的制品由于冷却等各种因素的影响，截面形状和口模的截面形状并不完全相同，例如，制品是正方形，则口模肯定不是正方形，如图 5-8（a）、（b）所示；若口模是正方形，挤出的制品则是鼓形，如图 5-8（c）、（d）所示，所以挤出成型所用的口模应根据制品冷却变形的特点进行设计。

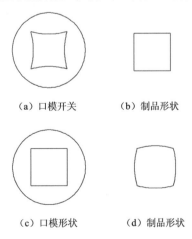

（a）口模开关　　　　（b）制品形状

（c）口模形状　　　　（d）制品形状

图5-8　挤出模界面示意图

如图 5-9 所示为挤出成型口模制品。

图5-9　挤出成型口模制品

挤出成型有时也用于热固性塑料的成型，并可用于泡沫塑料的成型。挤出成型的优点是可挤出各种形状的制品，设备成本低，占地面积小，生产效率高，可自动化、连续化生产；缺点是热固性塑料不能广泛采用此法加工，制品尺寸容易产生偏差。

挤出成型的塑料制品，主要是连续的型材制品，此方法可制取管、筒、棒、膜、片、异型材、电缆电线等。

### 5.3.3　压制成型

压制成型又称压缩模塑，如图 5–10 所示，是将塑料在模腔内借助加热、加压而成型为制品的加工方法。一般是将粉状、粒状、团粒状、片状，甚至先制成和制品相似形状的料坯，放在加热的模具型腔中，然后闭模、加压，使其成型并固化，再经脱模得到制品。压制成型的优点是，可以模压较大平面的制品，可以利用多槽模进行大量生产，设备简单，工艺条件容易控制，制品无浇口，节约材料，制品收缩率小，变形小。缺点是生产周期长，效率低，制品尺寸精度差。

压制成型的主要设备是压机和模具。压机的作用在于通过模具对塑料施加压力。压机的主要参数包括公称吨位、压板尺寸、工作行程和柱塞直径，这些指标决定着压机所能模压制品的面积、高度或厚度，以及能够达到的最大模压压力。模具按其结构的特征，可分为溢式、不溢式和半溢式三种，其中以半溢式用得最多。

压制成型的工艺过程分为加料、闭模、排气、固化、脱模和模具清理等，若制品有嵌件需要在模压时封入，则在加料前应将嵌件安放好。主要控制的工艺条件是压力、模具温度和模压时间。

将浸渍过树脂的片状材料叠合成所需厚度后，放在层压机中，在一定的温度和压力下使之成为层状制品，这种成型方法称作层压成型，如图 5–11 所示。层压成型制品质地密实，表面平整光洁，生产效率高，主要用于生产增强塑料板材和胶合板等层压材料。

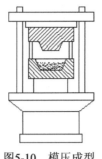

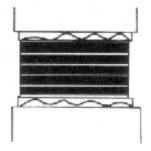

图5-10 模压成型        图5-11 层压

此外，还有一种特殊形式的模压方法，即先将粉状塑料压实，然后从模具中取出料坯，放在炉中加热至熔点，使塑料颗粒熔化成一个整体，冷却后得制品或半成品。这种方法称为烧结成型，主要用于聚四氟乙烯的成型。

压制成型主要应用于热固性塑料成型，如酚醛树脂、三聚氰胺甲醛、脲甲醛等塑料，也用于制造不饱和聚酯和环氧树脂加玻璃纤维的增强塑料制品。热塑性塑料也有采用此法成型的，如聚氯乙烯唱片。但热塑性塑料模压时，模具必须在制品脱模前冷却，在下一个制件成型前，必须把模具重新加热，因此生产效率很低。

## 5.3.4 吹塑成型

吹塑成型是利用压缩空气的压力将闭合在模具中加热到高弹态的树脂型坯吹胀为空心制品的一种方法，吹塑成型包括薄膜吹塑成型及中空吹塑成型两种方法。用吹塑成型法可生产薄膜制品、各种瓶、桶、壶类容器及儿童玩具等。

### 1. 薄膜吹塑

薄膜吹塑工艺流程如下：料斗上料→物料塑化挤出→吹胀牵引→风环冷却→牵引辊牵引→薄膜收卷，如图 5-12 所示。

吹塑薄膜的性能跟生产工艺参数有着很大的关系，因此，在吹膜过程中，必须要加强对工艺参数的控制，规范工艺操作，保证生产的顺利进行，并获得高质量的薄膜产品，如图 5-13 所示为塑料薄膜制品。

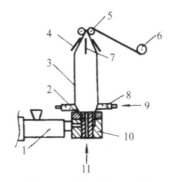

图5-12 薄膜吹塑示意图

1－挤出机；2－芯棒；3－泡状物4－导向板；5－牵引辊；6－卷曲辊；7－折叠导棒；
8－冷却环9－空气入口10－模头；11－空气入口

图5-13　塑料薄膜制品

### 2. 中空吹塑

中空吹塑成型是生产中空制品的方法，中空吹塑又分为注射吹塑、挤出吹塑和注射拉伸吹塑。

#### 1）注射吹塑

注射吹塑是用注射成型法先将塑料制成有底型坯，再把型坯移入吹塑模内进行吹塑成型，如图5-14所示。

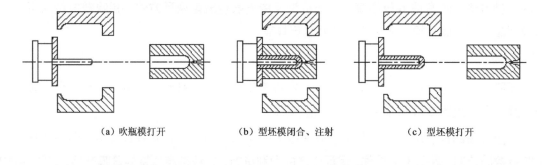

（a）吹瓶模打开　　　　（b）型坯模闭合、注射　　　　（c）型坯模打开

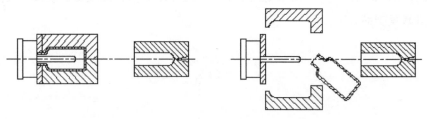

（d）吹瓶模闭合、吹塑　　　　（e）吹瓶模打开顶出制品

图5-14　注射吹塑成型过程

注射吹塑适用于生产批量大的小型精致容器，主要用于化妆品、日用品、医药包装、食品及矿泉水包装等。注射吹塑的优点是制品壁厚均匀，不需要后加工，所得制品无接缝，废边废料少。缺点是需要注射和吹塑两套模具，设备投资大，注塑所得型坯温度较高，吹胀前需要较长时间的冷却，成型周期长，型坯内应力较大，制造形状复杂、尺寸较大的制品时，

容易出现应力开裂现象，因此制品的形状和尺寸都受到了限制。

2）挤出吹塑

挤出吹塑成型过程如下：管坯直接由挤出机挤出，并垂挂在安装于机头正下方的预先分开的型腔中；当下垂的型坯达到规定的长度后立即合模，并靠模具的切口将管坯切断，从模具分型面的小孔通入压缩空气，将型坯吹胀紧贴模壁而成型，然后保压，待制品在型腔中冷却定型后开模取出制品，如图5-15所示。

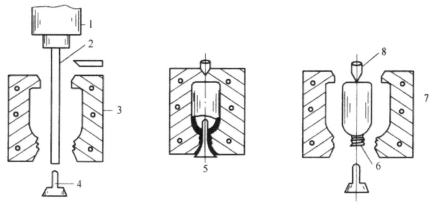

图5-15 挤出吹塑

挤出吹塑生产效率高，型坯温度均匀，溶接缝少，吹塑制品强度较高，设备简单，适应性广，在当前中空制品的总产量中占有绝对优势。

3）注射拉伸吹塑

注射拉伸吹塑成型过程如图5-16所示，型坯的注射成型与无拉伸注射吹塑成型相同，不同点是型坯不立即送入吹塑模中，而是经过适当冷却后先

送到加热槽内，在槽中加热到拉伸所需要的温度，再送到拉伸吹胀膜中，在拉伸吹胀膜内先用拉伸棒将型坯进行轴向拉伸，然后再加入压缩空气进行横向吹胀，经过一段时间冷却后，脱模得到制品。

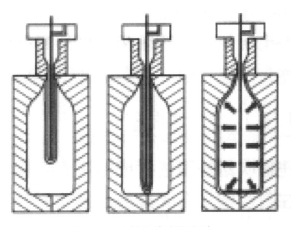

图5-16 注射拉伸吹塑成型

由于在成型过程中型坯经过轴向拉伸，所以制品具有大分子双轴取向结构。制品的透明度、抗冲击强度、表面硬度和刚度都有较大的提高，例如，用注射吹塑成型得到的聚丙烯中空制品，其透明度不如聚氯乙烯吹塑制品，抗冲击强度不如聚乙烯吹塑制品，但用注射拉伸吹塑制成的聚丙烯中空制品，其透明度和抗冲击强度可分别达到聚氯乙烯和聚乙烯制品的水平。而且其拉伸强度、弹性模量和热变性温度都有明显提高。制造同样的中空制品，用注射拉伸吹塑成型比无拉伸注射吹塑成型的制品壁更薄，因而可节约更多的材料。

用于中空吹塑成型的热塑性塑料品种很多，最常用的原料是聚乙烯、聚丙烯、聚氯乙烯和热塑性聚酯等，常用来成型各种液体的包装容器，如各种瓶、桶、罐等。

## 5.3.5　发泡成型

泡沫塑料也叫多孔塑料，是由大量气体微孔分散于固体塑料中而形成的一类高分子材料，具有质轻、隔热、吸音、减震等特性，广泛用于绝热、隔音、包装材料及车、船壳体的绝热、隔音等。几乎各种塑料均可制成泡沫塑料，发泡成型是塑料加工中的一个重要领域，如图 5-17 所示。

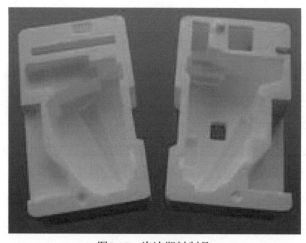

图5-17　泡沫塑料制品

微孔间互相连通的称为开孔型泡沫塑料，互相封闭的称为闭孔型泡沫塑料。泡沫塑料有硬质、软质两种。判断软硬泡沫塑料的标准是在 18 ~ 29℃下 5s 内，绕直径25mm 的圆棒一周，如不断裂，测试样属于软质泡沫塑料；反之，则属于硬质泡沫塑料。泡沫塑料还可分为低发泡和高发泡两类。通常将发泡倍率（发泡后比发泡前体积增大的倍数）小于 5 的称为低发泡，大于 5 的称为高发泡。

无论采用什么方法发泡，其基本过程都分为如下 3 步：

（1）在液态或熔融态塑料中引入气体，产生微孔。

（2）使微孔增长到一定体积。

（3）通过物理或化学方法固定微孔结构。

按照引入气体的方式，发泡方法有机械法、物理法和化学法。

### 1. 机械法

借助强烈的搅拌，把大量空气或其他气体引入液态塑料中。工业上主要用此法生产脲醛泡沫塑料，可用做隔热保温材料或影剧中布景材料（如人造雪花）。

### 2. 物理法

通常将低沸点烃类或卤代烃类溶入塑料中，受热时塑料软化，同时溶入的液体挥发膨胀发泡。如聚苯乙烯泡沫塑料，可在苯乙烯悬浮聚合时，先把戊烷溶入单体中，或在加热加压下把已聚合成珠状的聚苯乙烯树脂用戊烷处理，制得所谓可发泡性聚苯乙烯珠粒。将此珠粒在热水或蒸汽中预发泡，再置于模具中通入蒸汽，使预发泡颗粒二次膨胀并互相熔结，冷却后即得到与模具型腔形状相同的制品。它们广泛用做保温和包装中的防震材。引入气体的物理方法还有溶出法、中空微球法等。溶出法是将可溶性物质如食盐、淀粉等和树脂混合，成型为制品后，再将制品放在水中反复处理，把可溶性物质溶出，即得到开孔型泡沫制品，多用做过滤材料。中空微球法是将熔化温度很高的空心玻璃微珠与塑料熔体相混，在玻璃微珠不致破碎的成型条件下，可制得特殊的闭孔型泡沫塑料。

### 3. 化学法

#### 1）采用化学发泡剂发泡

在发泡成型过程中，通过发泡剂自身分解或与助发泡剂相互作用，释放出气体。偶氮二甲酰胺（俗称 AC 发泡剂）是最常用的有机化学发泡剂。许多热塑性塑料均可用此法作成泡沫塑料。例如，聚氯乙烯泡沫鞋就是把树脂、增塑剂、发泡剂和其他添加剂制成的配合料，放入注射成型机中，发泡剂在机筒中分解，物料在模具中发泡而成。泡沫人造革则是将发泡剂混入聚氯乙烯糊中，涂刮或压延在织物上，连续通过隧道式加热炉，物料塑化熔融、发泡剂分解发泡、经冷却和表面整饰，即得泡沫人造革。

#### 2）利用聚合过程中的副产气体

典型例子是聚氨酯泡沫塑料，当异氰酸酯和聚酯或聚醚进行缩聚反应时，部分异氰酸酯会与水、羟基或羧基反应生成二氧化碳。只要气体放出速度和缩聚反应速度调节得当，即可制得泡孔十分均匀的高发泡制品。聚氨酯泡沫塑料有两种类型：软质开孔型形似海绵，广泛用做各种座椅、沙发的座垫，以及吸音、过滤材料等；硬质闭孔型则是理想的保温、绝缘、减震和漂浮材料。

## 5.3.6　压延成型

压延成型生产工艺流程如图 5-18 所示，是将树脂和各种添加剂经预期处理（捏合、过滤等）后通过压延机的两个或多个转向相反的压延辊的间隙加工成薄膜或片材，随后从压延机辊筒上剥离下来，再经冷却定型的一种成型方法。压延成型主要用于聚氯乙烯树脂的成型，能制造薄膜、片材、板材、人造革、地板砖等制品。

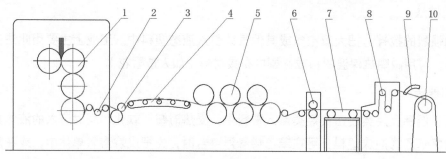

图5-18　压延生产工艺流程

1—主机；2—引离装置；3—压花装置；4—预冷装置；5—冷却装置；6—测厚装置；
7—输送装置；8—张力调节装置；9—切割装置；10—卷取装置

### 5.3.7　塑料的二次加工

塑料的二次加工是指采用切削加工、连接、热成型、表面处理等工艺手段将一次成型的制品，如板材、管材、棒材或模制件再次加工，制成所需的制品。

**1. 塑料的切削加工**

塑料的切削加工与金属的切削加工类似，可以采用金属切削加工设备对塑料进行机械加工，如车、铣、刨、钻、锯等，成型原理与金属加工类似，也可以采用手工工具进行手工加工。由于塑料的硬度和强度都远小于金属，所以加工所使用的刀具可以采用硬度稍低的刀具材料，并且可以磨得更加锋利。但塑料加工时应注意，塑料的导热性差、加工中散热条件差，并且塑料不耐高温，一旦温度过高，容易造成软化发黏，甚至分解烧焦。由于塑料的回弹性比金属大，易变形，所以切削加工的塑料制品，尺寸精度不如金属好，表面粗糙度也比较差，加工有方向性的层状塑料制件时容易开裂、分层、起毛或崩裂等。

**2. 塑料的连接**

塑料的连接包括机械连接、焊接、溶剂黏结、胶黏结等。

**1）塑料的机械连接**

塑料的机械连接采用最多的是螺钉连接和弹性连接。螺钉连接有木螺钉和自攻螺钉等，这种连接方法除了可以用于塑料与塑料之间的连接外，还可以用于塑料与其他材料之间的连接。弹性连接是利用塑料的弹性来实现的，可根据需要进行结构设计，其结构方式有固定式、半固定式和可拆卸式，如图5-19所示。

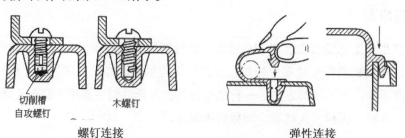

切削槽
自攻螺钉

木螺钉

螺钉连接　　　　　　　　　　　　弹性连接

图5-19　塑料的机械连接

2）塑料的焊接

塑料的焊接又称热熔黏结，是热塑性塑料连接的一种方法，将塑料待连接处加热，使其处于熔融状态，然后施加一定的压力，将其黏结在一起。常用的焊接方法有热风焊接、热对挤焊接、高频焊接、超声波焊接、感应焊接、摩擦焊接等，如图5-20所示。

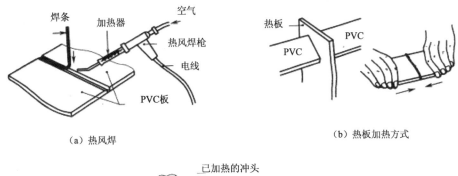

（a）热风焊　　　　　　　　　　　（b）热板加热方式

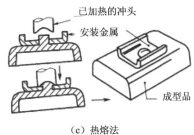

（c）热熔法

图5-20　塑料的焊接

3）塑料的溶剂黏结

将需要黏结的塑料连接处表面涂上有机溶剂（如丙酮、三氯甲烷、二甲苯），使其溶解或溶胀，并施加一定的压力，将其连接在一起。使用时应根据不同的塑料选择不同的溶剂，这些溶剂都是有毒、易燃易挥发物品，使用时要特别注意安全。

一般可溶于溶剂的热塑性塑料都可用溶剂黏结，如聚氯乙烯、聚苯乙烯、ABS、有机玻璃。溶剂黏结不适用于不同塑料之间的连接，由于热固性塑料不能溶解，所以也不适用溶剂黏结。如表5-3所示是常用塑料所适用的黏结溶剂。

表5-3　常用塑料与黏结溶剂

| 塑　　料 | 溶　　剂 |
| --- | --- |
| 有机玻璃 | 三氯甲烷、二氯甲烷 |
| 聚氯乙烯 | 四氢呋喃、环己酮 |
| 聚苯乙烯 | 三氯甲烷、二氯甲烷、甲苯 |
| 聚碳酸酯 | 三氯甲烷、二氯甲烷 |
| 纤维素 | 三氯甲烷、丙酮 |
| 聚酰胺 | 苯酚水溶液、二氯甲烷、二氯乙烷 |
| ABS | 三氯甲烷、四氢呋喃、甲乙酮 |

（3）塑料的胶黏结

塑料的胶黏结是利用胶黏性较强的黏合剂，将塑料黏合在一起的连接方法，其操作方法与溶剂连接类似，将需要黏结的塑料连接处表面涂上胶黏剂，并施加一定的压力，将其连接在一起。由于不同的塑料对黏合剂的要求不同，使用时要针对不同材质的塑料选择不同的黏合剂，绝大多数塑料黏合剂都是有毒、易挥发、易燃物品，使用时应特别注意安全。由于新型的黏合剂不断出现，而且操作简单，所以此种方法应用得越来越广泛，是一种很有发展前途的连接方法。

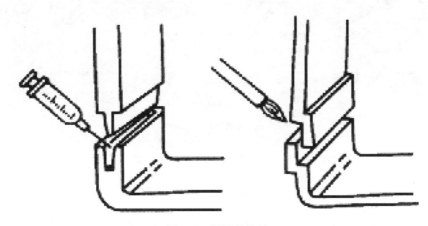

图5-21　塑料的胶结

### 3. 塑料的热成型

热成型是将热塑性塑料片材加工成各种制品的一种塑料加工方法，是塑料的二次成型，首先将片材夹在模具的框架上加热到 $T_g \sim T_f$ 之间的恰当温度，在外力作用下，使其紧贴模具的型面，以取得与型面相仿的形状。冷却定型后，经修整即成制品。近年来，热成型已取得新的进展，例如，从挤出片材到热成型的连续生产技术。

当前热成型产品越来越多，例如，杯、碟、食品盘、玩具、头盔，以及汽车部件、建筑装饰件、化工设备等。热成型与注射成型比较，具有生产效率高、设备投资少和能制造表面积较大的产品等优点。用于热成型的塑料主要有聚苯乙烯、聚氯乙烯、聚烯烃类（如聚乙烯、聚丙烯）、聚丙烯酸酯类（如聚甲基丙烯酸甲酯）和纤维素（如硝酸纤维素、醋酸纤维素等）塑料，也用于工程塑料（如 ABS 树脂、聚碳酸酯）。热成型的缺点是原料需经过一次成型，成本较高，制品后加工工序较多。

热成型方法有多种，但基本上都是以真空、气压或机械压力三种方法为基础加以组合或改进而成的。

1）真空成型

如图 5-22 和图 5-23 所示，先将片材覆盖于模具上，然后利用加热器对其加热，当片材加热到适当的温度后，移开加热器，利用真空产生的压力差使受热软化的片材紧贴模具表面而成型，此方法简单，但抽真空所造成的压差不大，只适用于外形简单的制品。

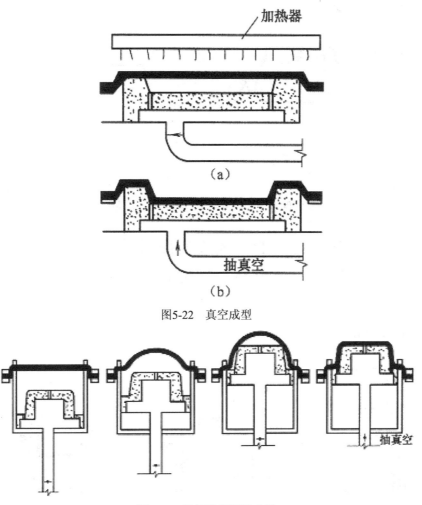

图5-22　真空成型

图5-23　排气真空回吸成型

## 2）气压热成型

先将片材覆盖于模具上，然后利用加热器对其加热，当片材加热到适当的温度后，移开加热器，采用压缩空气或蒸汽压力，迫使受热软化的片材紧贴于模具表面而成型。如图 5-24 所示，这种方法由于压差比真空成型大，因此可制造外形较复杂的制品。

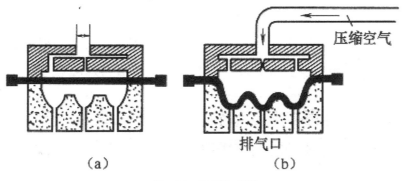

图5-24　气压热成型

3）机械挤压成型

先将片材用框架夹持于阴模与阳模之间，然后利用加热器对其加热，当片材加热到适当的温度后，移开加热器，利用机械压力进行成型，如图5-25所示。此方法的成型压力更大，可用于制造外形复杂的制品，但模具的制造费用较高。

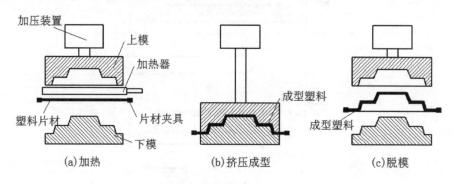

(a)加热　　　　　　　　(b)挤压成型　　　　　　　　(c)脱模

图5-25　机械挤压热成型

## 5.4　常用塑料材料

随着塑料工业的飞速发展，塑料的品种越来越多。这里对设计中常用的塑料进行简要介绍。

### 5.4.1　通用塑料

#### 1. 聚乙烯（PE）

聚乙烯是乙烯经聚合制得的一种热塑性树脂。聚乙烯无臭，无毒，手感似蜡，外观呈乳白色，具有优良的耐低温性能（最低使用温度可达 −100 ～ −70℃），化学稳定性好，能耐大多数酸碱的侵蚀（不耐具有氧化性质的酸），常温下不溶于一般溶剂，吸水性小，但由于其为线性分子结构，可缓慢溶于某些有机溶剂，且不发生溶胀，电绝缘性能优良；但聚乙烯对于环境应力（化学与机械作用）是很敏感的，耐热性、耐老化性差。

根据聚合条件的不同，可得高、中、低 3 种密度的聚乙烯。高密度聚乙烯又称低压聚乙烯，分子量较大，结晶率高，质地坚硬，耐磨耐热性好，机械强度较高；低密度聚乙烯又称高压聚乙烯，分子量较小，结晶率低，基地柔软，弹性和透明度好，软化点稍低。聚乙烯易加工成型，其表面不容易黏结和印刷。聚乙烯塑料制品种类繁多，可用吹塑、挤出、注射等成型方法生产薄膜、型材、各种中空制品和注射制品等，广泛用于农业、电子机械、包装等方面。

#### 2. 聚丙烯塑料（PP）—热塑性塑料

聚丙烯塑料外观呈乳白色半透明，无毒，无味，密度小（约为 0.90g/cm$^3$），耐弯曲疲劳性优良，化学稳定性好，常见的酸、碱有机溶剂对它几乎不起作用，具有良好的电绝缘性，成型尺寸稳定，热膨胀性小，机械强度、刚性、透明性和耐热性均比聚乙烯高，可在 100℃左右使用。但耐低温性能较差，易老化。

聚丙烯可用吹塑、挤出、注射、热成型等方法加工成型。由于表面光洁、透明等优点，广泛用做食品用具、水桶、口杯、热水瓶壳等家庭用品及各种玩具、饮料包装、农业品的货箱，以及化学药品的容器等。聚丙烯薄膜具有一定的强度和透明度，大量用做包装材料。聚丙烯表面经处理后，可以电镀，其电镀制品耐热性能比 ABS 树脂好。

### 3. 聚苯乙烯（PS）——热塑性塑料

聚苯乙烯塑料质轻，相对密度也仅次于 PP、PE（约为 $1.05g/cm^3$），表面硬度高，有良好的透明性，透光率达 88% ~ 92%，仅次于丙烯酸类聚合物，折射率为 1.59 ~ 1.60。可用做光学零件，有光泽，易着色，具有优良的电绝缘性、耐化学腐蚀性、抗反射线性和低吸湿性。制品尺寸稳定，具有一定的机械强度，但质脆易裂，抗冲击性差，耐热性差。受阳光作用后，易出现发黄和混浊。可通过改性处理，改善和提高性能，如高抗聚苯乙烯（HIPS）、ABS、AS 等。

聚苯乙烯最重要的特点是熔融时的热稳定性和流动性非常好，所以易成型加工，特别是注射成型容易，适合大量生产。成型收缩率小，制品尺寸稳定性也好。可用注射、挤出、吹塑等方法加工成型。主要用来制造餐具、包装容器、日用器皿、玩具、家用电器外壳、汽车灯罩，以及各种模型材料、装饰材料等。聚苯乙烯经发泡处理后可制成泡沫塑料。

### 4. 聚氯乙烯塑料（PVC）——热塑性塑料

聚氯乙烯塑料的生产量仅次于聚乙烯塑料，在各领域中得到广泛应用。聚氯乙烯本色为微黄色半透明状，有光泽。透明度胜于聚乙烯、聚丙烯，差于聚苯乙烯，聚氯乙烯具有良好的电绝缘性和耐化学腐蚀性，但热稳定性差，分解时放出氯化氢，因此成型时需要加入稳定剂。聚氯乙烯的性能与其聚合度、添加剂的组成及含量、加工成型方法等有密切的关系。聚氯乙烯塑料根据所加增塑剂的多少，分为硬质和软质两大类。软制品柔而韧，手感黏，硬制品的硬度高于低密度聚乙烯，而低于聚丙烯，在曲折处会出现白化现象。硬质聚氯乙烯塑料机械强度高，经久耐用，用于生产结构件、壳体、玩具、板材、管材等。软质聚氯乙烯塑料质地柔软，用于生产薄膜、人造革、壁纸、软管和电线套管等。

### 5. 聚甲基丙烯酸甲酯塑料（PMMA）——热塑性塑料

聚甲基丙烯酸甲酯塑料俗称有机玻璃，主要分浇注制品和挤塑制品，形态有板材、棒材和管材等。其种类繁多，有彩色、珠光、镜面和无色透明等品种。有机玻璃质轻（约为 $1.18g/cm^3$，为无机玻璃的一半），不易破碎，透明度高（透光率可达 92% 以上），易着色。有机玻璃的强度比较高，抗拉伸和抗冲击的能力比普通玻璃高 7 ~ 18 倍。耐水性及电绝缘性好，但表面硬度低，易划伤而失去光泽，耐热性低，具有良好的热塑性，可通过热成型加工成各种形状，可以采用切削、钻孔、研磨、抛光等机械加工和采用黏结、涂装、印刷、热压印花、烫金等二次加工制成各种制品。广泛用做广告标牌、绘图尺、照明灯具、光学仪器、安全防护罩、日用器具及汽车、飞机等交通工具的侧面玻璃等。

### 6. 酚醛塑料（PF）——热固性塑料

酚醛塑料俗称电木，是塑料中最古老的品种，至今仍广泛应用。由酚醛树脂加入填料、固化剂、润滑剂等添加剂，分散混合成压塑粉，经热压加工而得酚醛塑料。酚醛塑料强度高，刚性大，坚硬耐磨，密度为 1.5 ~ 2.2g/cm$^3$，制品尺寸稳定；易成型，成型时收缩小，不易出现裂纹；耐高温；电绝缘性及耐化学药品性好，成本低廉。酚醛塑料是电器工业中重要的绝缘材料，如可用做电子管插座、开关、灯口等；还可用做注塑材料，制作各种日用品和装饰品。酚醛泡沫塑料可做隔热、隔音材料和抗震包装材料，如图 5-28 所示是酚醛塑料制品。

图5-28　酚醛塑料制品

## 5.4.2　工程塑料

### 1. ABS 塑料——热塑性塑料

ABS 塑料是丙烯腈（A）- 丁二烯（B）- 苯乙烯（S）的三元聚合物，外观为不透明呈象牙色粒料，其制品可制成五颜六色，并具有高光泽度，密度为 1.05g/cm$^3$ 左右，吸水率低。ABS 综合了 3 种组分的性能，如丙烯腈的刚性、耐热性、耐化学腐蚀性和耐候性，丁二烯的抗冲击性、耐低温性，苯乙烯的表面高光泽性、尺寸稳定性、易着色性和易加工性，称为综合性能良好的热塑性塑料。调整 ABS 三组分的比例，其性能也随之发生变化，以适应各种应用的要求，如高抗 ABS、耐热 ABS、高光泽 ABS 等。

ABS 具有优良的力学性能，其抗冲击性极好，可以在极低的温度下使用；耐磨性优良，尺寸稳定性好，ABS 的弯曲强度和压缩强度是塑料中较差的。ABS 的力学性能受温度的影响较大。ABS 的电绝缘性较好，并且几乎不受温度、湿度和频率的影响，可在大多数环境下使用。ABS 塑料的成型加工性好，可采用注射、挤出、热成型等方法成型，可进行锯、钻、锉、磨等机械加工，可用三氯甲烷等有机溶剂溶接，还可以进行涂饰、电镀等表面处理。电镀制件可作铭牌装饰件。ABS 注射制品常用来制作壳体、箱体、零部件、玩具等。挤出制品多为板材、棒材、管材等，可进行热压、复合加工及制作模型。ABS 塑料还是理想的木材代用品和建筑材料等。

### 2. 聚酰胺塑料（PA）——热塑性塑料

聚酰胺（俗称尼龙）主链上含有许多重复的酰胺基，用做塑料时称为尼龙，用做合成纤维时称为锦纶，目前聚酰胺品种多达几十种，其中以聚酰胺 –6、聚酰胺 –66 和聚酰胺 –610 的应用最广泛。聚酰胺 –6 和聚酰胺 –66 主要用于纺制合成纤维，称为锦纶 –6 和锦纶 –66。尼龙 –610 则是一种力学性能优良的热塑性工程塑料。

PA 具有良好的综合性能，包括力学性能、耐热性、耐磨损性、耐化学药品性和自润滑性，且摩擦系数低，有一定的阻燃性，易于加工，适于用玻璃纤维和其他填料填充增强改性，提高性能和扩大应用范围。

由于聚酰胺具有无毒、质轻、优良的机械强度、耐磨性及较好的耐腐蚀性，因此广泛应用于代替铜等金属在机械、化工、仪表、汽车等工业中制造轴承、齿轮、泵叶及其他零件。聚酰胺熔融纺成丝后有很高的强度，主要用来做合成纤维。

### 3. 聚对苯二甲酸乙二酯（PET）

聚对苯二甲酸乙二酯俗称涤纶树脂。它是对苯二甲酸与乙二醇的缩聚物，PET 塑料具有较高的成膜性和成型性能。PET 是乳白色或浅黄色高度结晶性的聚合物，表面平滑而有光泽。PET 塑料具有很好的光学性能和耐候性，非晶态的 PET 塑料具有良好的光学透明性。另外，PET 塑料具有优良的耐磨耗摩擦性和尺寸稳定性及电绝缘性。PET 做成的瓶子具有强度大、透明性好、无毒、防渗透、质量轻、生产效率高等，因而受到了广泛的应用。

PET 树脂的玻璃化温度较高，结晶速度慢，模塑周期长，成型周期长，成型收缩率大，尺寸稳定性差，结晶化的成型呈脆性，耐热性低等。通过成核剂及结晶剂和玻璃纤维增强的改进，具有以下特点：

- 热变形温度和长期使用温度是热塑性通用工程塑料中最高的。
- 耐热性强，增强PET在250℃的焊锡浴中浸渍10s，几乎不变形也不变色，特别适合制备锡焊的电子、电器零件。
- 弯曲强度200MPa，弹性模量达4000MPa，耐蠕变及疲劳性也很好，表面硬度高，机械性能与热固性塑料相近。

PET 塑料的用途如下：

- 薄膜片材方面：各类食品、药品、无毒无菌的包装材料；纺织品、精密仪器、电器元件的高档包装材料；录音带、录像带、电影胶片、计算机软盘、金属镀膜及感光胶片等的基材；电气绝缘材料、电容器膜、柔性印制电路板及薄膜开关等电子领域和机械领域。
- 包装瓶的应用：其应用已由最初的碳酸饮料发展到现在的啤酒瓶、食用油瓶、调味品瓶、药品瓶、化妆品瓶等。
- 机械设备：制造齿轮、凸轮、泵壳体、皮带轮、电动机框架和钟表零件，也可用做微波烘箱烤盘、各种顶棚、户外广告牌和模型等。
- PET塑料的成型加工可以注塑、挤出、吹塑、涂覆、黏接、机加工、电镀、电镀、真空镀金属、印刷。

### 4. 聚碳酸酯塑料（PC）——热塑性塑料

聚碳酸酯是一种无色透明的热塑性材料，密度为 1.20 ~ 1.22g/cm³，聚碳酸酯具有良好的机械性能好、抗冲击、抗热畸变性能，而且耐候性好、硬度高，耐热，具有良好的透光性，折射率高，成型加工性能好，用热水和腐蚀性溶液洗涤处理时不变形且保持透明的优点，目前一些领域 PC 瓶已完全取代玻璃瓶。

不耐强酸和强碱，改性可以耐酸耐碱。耐磨性差，一些用于易磨损用途的聚碳酸酯器件需要对表面进行特殊处理。

由于聚碳酸酯在较宽的温、湿度范围内具有良好而恒定的电绝缘性，所以它是优良的绝缘材料。同时，其良好的难燃性和尺寸稳定性，使其在电子电器工业中得到了广泛的应用。聚碳酸酯树脂可以制作各种食品加工机械零件，电动工具外壳、冰箱冷冻室抽屉和真空吸尘器零件等。聚碳酸酯可制作各种光学透镜，用于照相机、显微镜、望远镜及光学测试仪器等，聚碳酸酯作为眼镜的镜片材料近年来得到了广范的应用。由光学级聚碳酸酯制成的光盘作为新一代音像信息存储介质，正在以极快的速度迅猛发展。

### 5. 聚苯醚塑料（PPO）——热塑性塑料

聚苯醚塑料无毒、透明、相对密度小，具有优良的机械强度，耐热性、耐水性、耐水蒸气性、尺寸稳定性良好。在很宽温度、频率范围内电性能好，不水解、成型收缩率小，难燃有自熄性，耐无机酸、碱、芳香烃、卤代烃、油类等性能差，易溶胀或应力开裂，主要缺点是熔融流动性差，加工成型困难，实际应用大部分为 MPPO（PPO 共混物或合金），如用 PS 改性 PPO，可大大改善加工性能，改进耐应力开裂性和冲击性能，降低成本，只是耐热性和光泽略有降低。PPO 和 MPPO 可以采用注塑、挤出、吹塑、模压、发泡和电镀、真空镀膜、印刷机加工等各种加工方法，PPO 和 MPPO 主要用于电子电器、汽车、家用电器、办公室设备和工业机械等方面，利用 MPPO 耐热性、耐冲击性、尺寸稳定性、耐擦伤、耐剥落和电气性能，用于做汽车仪表板、散热器格子，家用电器上用于电视机、摄影机、录像带、录音机、空调机、加温器、电饭煲等零部件。

### 6. 聚甲醛塑料（POM）——热塑性塑料

聚甲醛塑料是一种高密度，高结晶性的线性聚合物，具有优异的综合性能，聚甲醛塑料是一种表面光滑，有光泽的硬而致密的材料，淡黄或白色，可在 –40 ~ 100℃温度范围内长期使用。它的耐磨性和自润滑性也比绝大多数工程塑料优越，具有良好的耐油，耐过氧化物性能。耐酸、强碱和太阳光紫外线的辐射性很差。POM 是一种坚韧有弹性的材料，即使在低温下仍有很好的抗蠕变特性、几何稳定性和抗冲击特性。

聚甲醛塑料具有类似金属的硬度、强度和钢性，具有很好的自润滑性、良好的耐疲劳性，并富于弹性，具有较好的耐化学品性。POM 以较低的成本，正在替代一些金属制品，如替代锌、黄铜、铝和钢制造的许多部件，POM 已经广泛应用于电子电气、机械、仪表、日用轻工、汽车、建材、农业等领域。在很多新领域的应用，如医疗技术、运动器械等方面，POM 也表现出较好的增长态势。

**7. 聚四氟乙烯（PTFE）——热塑性塑料**

聚四氟乙烯是氟乙烯的聚合物。20 世纪 30 年代末期发现，40 年代投入工业生产。由于具有优良的使用性能被美誉为"塑料王"，中文商品名为"铁氟龙"、"特氟龙"、"特富隆"、"泰氟龙"等。密度为 2.1 ~ 2.3g/cm³。

聚四氟乙烯制品色泽洁白，有蜡状感，耐高温，可以长期在 200 ~ 260℃下使用，耐低温，在 −100℃时仍然不变脆；耐腐蚀，能耐王水和一切有机溶剂，除熔融的碱金属外，聚四氟乙烯几乎不受任何化学试剂腐蚀。例如，在浓硫酸、硝酸、盐酸，甚至在王水中煮沸，其重量及性能均无变化，也几乎不溶于所有的溶剂，只在 300℃以上稍溶于全烷烃（约 0.1g/100g）。聚四氟乙烯不吸潮，不燃，对氧、紫外线均极稳定，所以具有优异的耐候性，是塑料中最耐老化的材料；是塑料中摩擦系数（0.04）最小的材料；具有固体材料中最小的表面张力而不黏附任何物质；无毒害，具有生理惰性；具有优异的电气性能，是理想的 C 级绝缘材料，像报纸厚的一层聚四氟乙烯就能阻挡 1500V 的高压。聚四氟乙烯材料广泛应用在国防工业、石油、无线电、电力、机械、化学工业等重要部门。

**8. 聚氨酯**

聚氨酯全称为聚氨基甲酸酯，目前聚氨酯泡沫塑料应用广泛，如图 5–27 所示。软泡沫塑料主要用于家具及交通工具各种垫材、隔音材料等；硬泡沫塑料主要用于家用电器隔热层、房屋墙面保温、管道保温材料、建筑板材、冷藏车及冷库隔热材等；半硬泡沫塑料用于汽车仪表板、方向盘等。

图5-27　聚氨基甲酸酯

聚氨酯弹性体可在较宽的硬度范围内具有较高的弹性及强度，具有优异的耐磨性、耐油性、耐疲劳性及抗震动性，具有"耐磨橡胶"之称。但聚氨酯弹性体广泛用于制鞋材料、密封材料。另外，在冶金、石油、汽车、纺织、印刷、医疗、体育、粮食加工、建筑等工业部门都有广泛的应用。

## 5.4.3　增强塑料

增强塑料是含有增强材料的塑料，是一种重要的高分子复合材料。增强塑料分增强热固性塑料和增强热塑性塑料两类，以热固性为主。增强塑料采用的热固性树脂有不饱和聚酯树脂、酚醛树脂、环氧树脂、有机硅树脂、醇酸树脂、三聚氰胺－甲醛树脂；采用的热塑性树脂有：聚酰胺、氟树脂、聚碳酸酯、聚砜、丙烯酸类树脂（丙烯酸或甲基丙烯酸及其酯类的聚合物）、聚甲醛、ABS 树脂、聚乙烯和聚丙烯等。所用增强材料有金属材料、非金属材料和高分子材料，三者均以纤维状材料为主。常用的增强纤维有玻璃纤维、碳纤维、石棉纤维、硼纤维和芳香族聚酰胺纤维。增强材料具有较高的强度和模量。树脂具有许多固有的优良物理、化学（耐腐蚀、绝缘、耐辐照、耐瞬时高温烧蚀等）和加工性能。树脂与增强材料复合后，增强材料可以起到增进树脂的力学或其他性能，而树脂对增强材料可以起到黏合和传递载荷的作用，使增强塑料具有优良性能。

玻璃纤维增强塑料是最常用的增强塑料，是用玻璃纤维或其织物以增强合成树脂，用涂布、注塑、挤塑、层压等方法加工成型的制品。

以热固性树脂为黏结剂的玻璃纤维热固性增强塑料俗称玻璃钢。玻璃钢材料具有重量轻，比强度高，耐腐蚀，电绝缘性能好，传热慢，以及容易着色，能透过电磁波等特性。与常用的金属材料相比，它还具有如下特点：

- 由于玻璃钢产品可以根据不同的使用环境及特殊的性能要求，自行设计复合制作而成，因此只要选择适宜的原材料品种，基本上可以满足各种不同用途对于产品使用时的性能要求。因此，玻璃钢材料是一种具有可设计性的材料品种。

- 玻璃钢产品制作成型时的一次成型，是区别于金属材料的一个显著特点。只要根据产品的设计，选择合适的原材料铺设方法和排列程序，就可以将玻璃钢材料和结构一次性地完成，避免了金属材料通常所需要的二次加工，从而可以大大降低产品的物质消耗，减少了人力和物力的浪费。

### 5.4.4　泡沫塑料

泡沫塑料是由大量气体微孔分散于固体塑料中而形成的一类高分子材料，具有质轻、隔热、吸音、减震等特性，用途很广。几乎各种塑料均可做成泡沫塑料，微孔间互相连通的称为开孔型泡沫塑料，互相封闭的称为闭孔型泡沫塑料。泡沫塑料有硬质、软质两种。泡沫塑料还可分为低发泡和高发泡两类。通常将发泡倍率（发泡后比发泡前体积增大的倍数）小于 5 的称为低发泡，大于 5 的称为高发泡。

#### 1. 聚苯乙烯泡沫塑料

聚苯乙烯泡沫塑料是以聚苯乙烯树脂为主体，加入发泡剂等添加剂制成的，它是目前使用最多的一种缓冲材料。它具有闭孔结构，吸水性小，有优良的抗水性；密度小，一般为 0.015 ~ 0.03g/cm³；机械强度好，缓冲性能优异；加工性好，易于模塑成型；着色性好，温度适应性强，抗放射性优异等优点，而且尺寸精度高，结构均匀。因此在外墙保温中其占有率很高。但燃烧时会产生污染环境的苯乙烯气体。聚苯乙烯泡沫塑料广泛用于各种精密仪器、仪表、家用电器等的缓冲包装。

#### 2. 聚氨酯泡沫塑料

聚氨酯泡沫塑料是异氰酸酯和羟基化合物经聚合发泡制成的，按其硬度可分为软质和硬质两类，其中软质为主要品种。一般来说，它具有极佳的弹性、柔软性、伸长率和压缩强度；化学稳定性好，耐许多溶剂和油类；耐磨性优良，较天然海绵大 20 倍；还有优良的加工性、绝热性、黏合性等性能，是一种性能优良的缓冲材料。

聚氨酯泡沫塑料一般只用于高档精密仪器、贵重器械、高档工艺品等的缓冲包装或衬垫缓冲材料，也可制成精致的、保护性极好的包装容器；还可采用现场发泡对物品进行缓冲包装。

### 3. 聚乙烯泡沫塑料

聚乙烯泡沫塑料具有以下几个特点：

- 几乎不吸水、不透水蒸气，长期在潮湿环境下使用不会受潮，因而导热系数能够保持不变，并且为软质泡沫塑料，具有很好的柔韧性。
- 压缩性能较差，受压状态下使用时存在压缩蠕变。
- 适用于低温管道和空调风管。

### 4. 酚醛泡沫塑料

酚醛泡沫塑料各项性能和价格与聚氨酯相当，只是压缩性能较低；但是由于它的耐温性和防火性能远远优于聚氨酯，长期使用温度可高达 200℃，间歇使用温度高达 250℃，所以特别适用于高温管道和对防火要求严格的场合。

## 5.5　塑料在产品设计中的应用

由于塑料具有优良的性能能，良好的成型工艺，所以越来越受到人们的欢迎，塑料制品种类繁多，几乎在人们的生活中各个方面，以及工农业生产中都可以看到塑料制品。下面以几个塑料制品为例介绍塑料在产品设计中的应用。

（1）如图 5-28 所示的手枪钻，采用 PVC 或 ABS 塑料注射成型，即可绝缘，又便于成型。手柄采用曲线设计，既便于人手的把握和操作，减少对手的冲击，避免长时间操作造成肌体疲劳，又考虑到注射模具的加工制造方便及便于取模等因素。

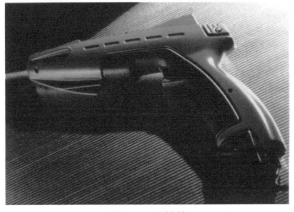

图5-28　手枪钻

（2）如图 5-29 所示为自动削笔器，采用聚氯乙烯塑料注射成型。此设计功能突出，锥形削口形态较为直观，使用安全，后面的 5 个插孔可以起到笔架的作用。

图5-29　自动削笔器

（3）如图 5-30 所示为台灯，是日本设计师 Isao Hosoe 设计，灯体造型像一个抽象的"苍鹭"，灯体底座和灯臂采用玻璃纤维增强的 PA66 制成，底座底部装有聚碳酸酯制成的小轮子，轮子外缘涂有硅橡胶，可以使灯具平滑地在平面上移动，反光罩与工作台始终保持平行状态。

图5-30　"苍鹭"台灯

（4）如图 5-31 所示为吸尘器，造型简洁、饱满，好像趴在地上的小动物，活泼可爱。

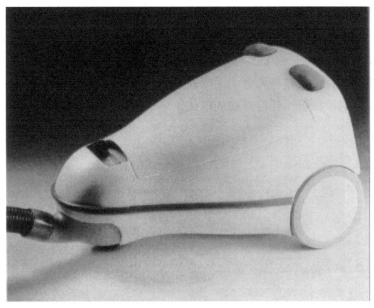

图5-31　吸尘器

（5）如图 5-32 所示为"生态"垃圾桶，是意大利设计师 Raul Barbili 设计的，其设计最具特色的是垃圾桶的口沿，可脱卸的外沿能将薄膜垃圾袋紧紧卡住，口沿上可安放一个小垃圾桶用来进行垃圾分类，此产品采用 ABS 塑料或聚丙烯塑料，注射成型，其内壁光滑易于清洁。

"生态桶"

外沿

废料桶

图5-32　"生态"垃圾桶

（6）如图 5-33 所示为"线龟"缠线器，是由 FlexDevelopmentB.V.Dutch 设计的，该产品在日内瓦国际发明展览会上获得金奖。产品由两个相同的部分组成，通过中心轴铆在一起，采用热塑性 SBR 材料注射成型。这个产品最突出的特点是：可以将分散在工作台或设备后面的电线收拾整齐，使用时将两个小碗向外翻开，将电线缠绕到中轴上，每一端留下所需长度，然后将小碗向里翻折，包住缠绕的电线，每个小碗的边缘山都有一个唇口，可以让电线伸出来。

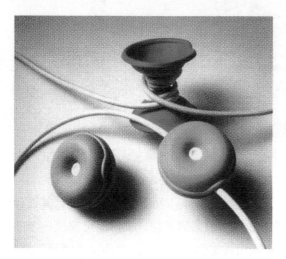
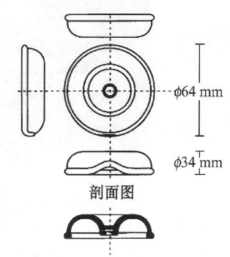

图5-33　"线龟"缠线器

（7）图 5-34 所示"翼"式台灯，是意大利设计师 Riccardo Raco 设计的。灯具材料由"Opalflex"塑料制成，这种塑料是一种玻璃质塑料板材，具有乳白色玻璃的一些外观特点，色泽不变黄，延展性好，可弯曲，易成型，具有良好的光漫射性，灯具用一片"Opalflex"材料切割后绕 2.5 圈成为展开的翼形灯罩，用 3 个螺钉固定在插线盒的基座上。

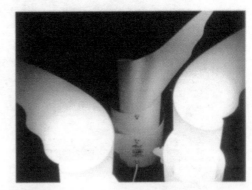

图5-34　"翼"式台灯

（8）如图 5-35 所示为所示儿童望远镜，色彩明快，采用纯色，每个部件采用一种颜色，有助于儿童对其装配关系有所了解，产品的边角都处理得比较圆滑，防止对儿童造成伤害。

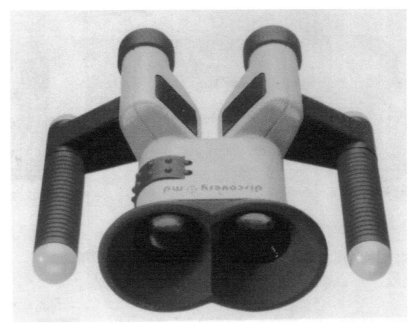

图5-35　儿童望远镜

（9）如图 5-36 所示为牙刷及刷套，此设计着重对刷把和刷套进行设计，刷把处理成两端细中间粗并且略带弯曲的形态，既符合人体工程学原理，又使形态丰富美观，似飘逸的火焰。与之配套的刷套设计独特，它一方面可以防止刷头被污染，另一方面可起到支架的作用，其前端的水平状横线寓意着刷毛，使其与牙刷组合在一起，仍然形成统一的整体。

图5-36　牙刷及刷套

（10）如图 5-37 所示为刷子，弯曲的把柄使人手易于抓握，细长的刷子可以清除大面积杂物，翘曲的刷头便于清除转角、缝隙中的灰尘。

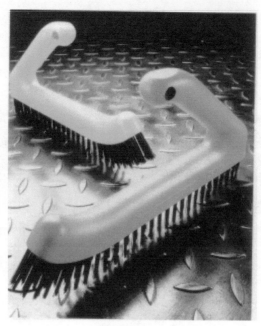

图5-37　刷子

（11）如图 5-38 所示是飞利浦彩色电视机，主体造型像一本翻开的书，寓意电视是活动的书，侧面的片状设计减弱了电视机的厚重感，正面荧光屏的齐边处理增大了屏幕的面积，以获得更佳的视觉质感。

图5-38　彩色电视机

（12）如图 5-39 所示，由巴西设计师 LucianaMerson 和 Gerson de Kliveira 设计的"灯站"灯具是由多个照明块体串联组合而成的，每个照明块体是由 4mm 厚聚乙烯塑料板切割后弯曲成 U 字形而成，在 U 字形塑料板一侧打孔，使电线穿过，同时也起到散热的作用，灯泡底座用螺钉固定在塑料板的一侧，各个 U 字形塑料板以阴阳槽方式进行插接，可随时开启。

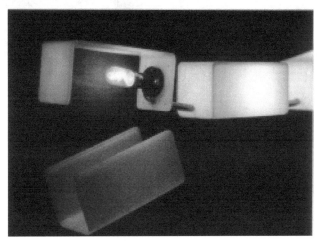

图5-39　"灯站"灯具

（13）如图5-40所示的衣物挂钩是由意大利设计师Polo Ulian和Giuseppe Ulian设计的。该设计利用废旧塑料瓶进行再设计，将塑料矿泉水瓶压扁，使塑料瓶口螺纹与底座相连，用瓶盖紧固在底座上，挂钩可独立安装，也可多个组合安装。

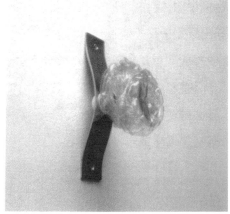

图5-40　"Dune"衣物挂钩

（14）如图5-41所示的打印机，设计师通过形态语言来突出纸张在其中传动的过程，操作面信息集中明确，使用方便。

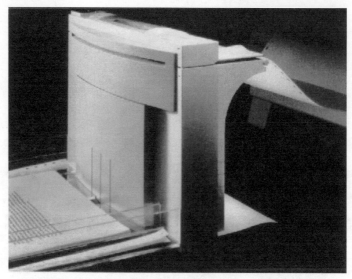

图5-41　打印机

## 复习思考题

1. 什么是高分子聚合物?

2. 高分子聚合物有哪三种力学状态?

3. 高分子聚合物有什么特点?

4. 什么是塑料?

5. 塑料主要由哪些成分组成?

6. 什么是热固性塑料?

7. 什么是热塑性塑料?

8. 举例说明注射成型的工艺过程。

9. 挤出成型适用于制造什么样的制品?

10. 吹塑成型有几种形式?

11. 什么是塑料的二次加工?

12. 什么是塑料的热成型?

13. 什么是增强塑料?

# 第6章
# 木材及加工工艺

**本章重点：**

- ◆ 木材的构造与特性。
- ◆ 木材的成形加工方法、木制品的装配工艺及木制品的表面装饰技术。
- ◆ 常用木材品种、特性及其制品的特点。
- ◆ 木材在产品设计中的应用。

**学习目标：**

- ◆ 通过本章的学习，掌握木材的构造及其特性，熟知常用木材成型加工工艺，木制品的装配工及表面装饰技术，能够充分利用好木材天然、朴素等特性进行产品设计，能够根据木材的特性和加工工艺合理选择木材。

## 6.1　木材的构造与特性

木材是树木砍伐后，经初步加工，可供制造器物用的材料，木材是一种优良的造型材料，自古以来，它一直是常用的传统材料，其自然、朴素的特性令人产生亲切感，被认为是最富于人性特征的材料。

木材作为一种天然材料，在自然界蓄积量最大、分布广、取材方便，具有优良的特性。在新材料层出不穷的今天，木材在设计应用中仍占有十分重要的地位。

### 6.1.1　木材的构造

木材是树木采伐后经初步加工而得的，是由纤维素、半纤维和木质素等组成的。树干是木材的主要部分，由树皮、形成层、木质部和髓心组成。在树干横截面的木质部上可看到环绕髓心的年轮。每一年轮一般由两部分组成：色浅的部分称早材（春材），是在季节早期所生长，细胞较大，材质较疏；色深的部分称晚材（秋材），是在季节晚期所生长，细胞较小，材质较密。在树干的中部，颜色较深的部分称为芯材；在树干的边部，颜色较浅的部分称为边材，如图 6-1 所示。

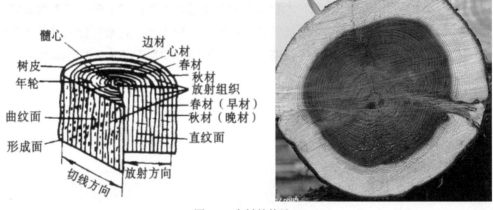

图6-1　木材的构造

### 6.1.2　木材的缺陷

木材是天然材料，树木在生长过程中受自然环境的影响必然会出现各种缺陷，木材的缺陷可分为如下 3 类：

- 天然缺陷。如木节、斜纹理及因生长应力或自然损伤而形成的缺陷。木节是树木生长时被包在木质部中的树枝部分。原木的斜纹理常称为扭纹，对锯材则称为斜纹。
- 生物为害的缺陷。主要有腐朽、变色和虫蛀等。
- 干燥及机械加工引起的缺陷。如干裂、翘曲、锯口伤等。

为了合理使用木材，通常按不同用途的要求，限制木材允许缺陷的种类、大小和数量，将木材划分等级使用。

### 6.1.3 木材的特性

木材在生长过程中，由于树种不同和生长的自然条件不同，形成了自身独特的性质，这些特性与其他材料不同，具有鲜明的特点，主要有以下几点。

**1. 木材具有天然的色泽和美丽的花**

不同树种的木材或同种木材的不同树区，都具有不同的色泽。如红松的心材是淡玫瑰色，边材是黄白色；杉木的心材为红褐色，边材为淡黄色等。木材因年轮方向的不同而形成各种粗、细、直、曲等形状的纹理，经过弦切、刨切等多种方法能够截取或拼接成种类繁多绚丽的花纹，如图 6-2 所示。

图6-2　木材的花纹

**2. 木材的含水率**

木材的含水率是指木材中水重占烘干后木材重的百分数。木材在大气中能吸收或蒸发水分，与周围空气的相对湿度和温度相适应而达到恒定的含水率，称为平衡含水率。木材平衡含水率随地区、季节及气候等因素的变化而变化，不同的木材平衡含水率也不同，一般都在 10% ~ 18% 之间。

**3. 木材的胀缩性**

木材吸收水分后体积膨胀，丧失水分则收缩。木材自纤维饱和到炉干的干缩率，顺纹方向为 0.1%，径向为 3% ~ 6%，弦向为 6% ~ 12%。径向和弦向干缩率的不同是木材产生裂缝和翘曲的主要原因。

#### 4. 木材的密度

由于木材的质量和体积受含水率的影响较大，所以木材的密度有多种不同的表示方法。木材试样的烘干质量与其饱和水分时的体积之比称为基本密度，烘干质量与烘干后的体积之比称为绝干密度，炉干后质量与炉干后的体积之比称为炉干密度。木材在气干后的质量与气干后的体积之比称为木材的气干密度。木材密度随树种而异。大多数木材的气干密度为 $0.3 \sim 0.9 \text{g/m}^3$。一般情况下密度大的木材，其力学强度也较高。

#### 5. 隔声吸音性

木材是一种多孔性材料，具有良好的吸音、隔音功能。

#### 6. 具有可塑性

木材蒸煮后可以进行切片，在热压作用下可以弯曲成形，木材可以用胶、钉、卯榫等方法造型，以满足各种要求。

#### 7. 易加工和涂饰

木材易锯、易刨、易切、易打孔、易组合、加工成型，且组合加工成型比金属方便。由于木材的管状细胞吸湿受潮，故对涂料的附着力强，易于着色和涂饰。

#### 8. 对热、电具有良好的绝缘性

木材的热导率、电导率小，可做绝缘材料，但随着含水率增大，其绝缘性能将降低。

#### 9. 木材的力学性质

木材有很好的力学性质，但木材是各向异性材料，顺纹方向与横纹方向的力学性质差别很大。木材的顺纹抗拉和抗弯强度均较高，但横纹抗拉强度和抗弯强度均较低。木材的强度还因树种而异，并受木材缺陷、荷载作用时间、含水率及温度等因素的影响，其中以木材缺陷及荷载作用时间两者的影响最大。

## 6.2 木材的工艺特性

将木材原材料通过木工手工工具或木工机械设备加工成构件，并将其组装成制品，再经过表面处理、涂饰，最后形成一件完整的木制品。

### 6.2.1 木材的成型加工

木材的成型加工方法种类繁多，既可以利用手工工具进行加工，也可以使用机械设备进行机械加工，随着技术的进步，新工艺新方法将会不断出现。

#### 1. 木材加工的工艺流程

每一个构件加工前都要根据被加工构件的形状、尺寸、所用材料、加工精度、表面粗糙等方面的技术要求和加工批量大小，合理选择各种加工方法、加工机床、刀具、夹具等，拟

定出加工该构建的每道工序和整个工艺过程。

木制品构件的形状、规格多种多样，其加工工艺过程一般为以下顺序：

1）配料

配料就是按照木制品的质量要求，将各种不同树种、不同规格的木材，割锯成复合制品规格的毛料，即基本构件。配料时，应根据木制品不同部位的要求，选择合适的木料，如受力大的部位因选择力学性能好的材料，暴露在外的部位应选择表面没有缺陷或缺陷少的材料。

2）基准面的加工

为了构件获得正确的形状、尺寸和粗糙度的表面，并保证后续工序定位准确，必须对毛料进行基准面的加工，作为后续工序加工的尺寸基准。木制品在装配时，一般是把基准面作为外露表面使用，因此选择质量好的表面作为基准面。

3）相对面的加工

基准面完成后，以基准面为基准加工出其他几个表面。

4）画线

手工加工时画线是保证产品质量的重要工序，手工加工时构件上榫头、卯眼、及圆孔等的位置和尺寸都是依据所画的线进行加工的，所以画线工序直接影响到配合的精度和结合的强度。机械加工主要是利用定位装置确定榫头、卯眼及圆孔等的位置，所以画线工序比手工加工简化了很多。

5）榫头、卯眼及型面的加工

榫结合是木制品结构中最常用的结合方式，因此，开榫、打眼工序是构件加工的重要工序，其加工质量直接影响产品的强度和使用质量。

6）表面修整

构件表面的修整加工应根据表面的质量要求来决定。外露的构件表面要精确修整，内部用料可不作修整。

**2. 木材加工的基本方法**

除直接使用原木外，大多数情况下木材都加工成板材或方材使用。为减小木材使用中发生变形和开裂，通常板材或方材需经进行干燥或人工干燥后使用。自然干燥是将木材堆垛起来在空气中自然干燥,这种干燥方法效果好,但需要比较长的时间。人工干燥主要用干燥窑法，也可用简易的烘、烤方法。干燥窑是一种装有循环空气设备的干燥室，能调节和控制空气的温度和湿度。经干燥窑干燥的木材质量好，含水率可达 10% 以下。对于易腐朽的木材应事先进行防腐处理。

1）木材的锯割

木材的锯割是木材成型加工中用得最多的一种操作。按设计要求将尺寸较大的原本、板材或方材等，沿纵向、横向或按任一曲线进行开锯、分解、开榫、锯肩、截断、下料等都要运用锯割加工。锯割所使用的锯种类繁多，有电动锯也有手用锯。

2）木材的刨削

刨削也是木材加工的主要工艺方法之一。木材经锯割后的表面一般较粗糙且不平整，因此必须进行刨削加工，木材经刨削加工后，可以获得尺寸和形状准确、表面平整光滑的构件。如图 6-3 所示是传统的手用平刨，手用刨加工质量较好，但与操作者的技术水平关系密切，且效率低，劳动强度大，使用电动刨加工可以大幅度提高效率，减轻劳动强度。

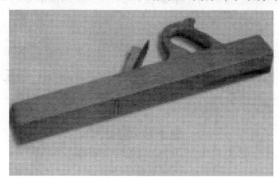

图6-3　手用平刨

3）木材的凿削

木制品构件间结合的基本形式是框架榫卯结构。因此，卯孔的凿削是木制品加工的基本操作之一。如图 6-4 所示是常用手用木工凿之一，使用时应根据孔的大小选择不同宽度的凿子。

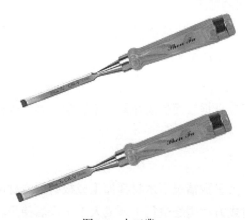

图6-4　木工凿

## 6.2.2　木制品的装配

按照木制品结果装配图及有关的技术要求，将若干构件结合成部件，再将若干部件结合或若干部件和构件结合成木制品的过程，称为装配。木制品的构件间的结合方式，常见的有榫接合、胶结合、螺钉结合、圆钉结合、金属或硬质塑料联结件结合，以及混合结合等。采取不同的结合方式对制品的美观和强度、加工过程和成本均有很大的影响，需要在造型设计时根据质量技术要求确定。下面简要介绍几种常用结合方式。

### 1. 榫结合

榫结合是木制品中应用广泛的传统结合方式。它的主要依靠榫头四壁与卯孔相吻合，装配时，榫头和毛孔四壁均匀涂胶，装榫头时用力不宜过猛，以防挤裂榫眼，通孔装配后可加木楔，达到配合紧实的目的。

榫卯接合是传统的工艺，至今仍然被广泛应用，其优点是：传力明确、构件简单，结构外漏，便于检查。根据结合部位的尺寸、位置及构件中的作用不同，榫头有各种形式，如图 6-5 所示。各种榫根据木制品结构的需要有明榫和暗榫之分。榫孔的形状和大小根据榫头而定。

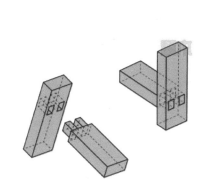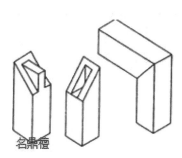

图6-5 木制品常用榫结合

### 2. 胶结合

由于木材具有良好的胶合性能，所以胶结合是木制品常用的一种结合方式，主要用于实木板的拼接及榫头和榫孔的胶合。其特点是制作简单、结构牢固、外形美观。胶结合的强度与胶的质量和使用方法密切相关，还与木材的性质和胶层的厚度有关，一般来说质地松软的木材胶合强度高，胶层的厚度越大强度越低。

黏结木制品的胶黏剂种类繁多，常用的有皮胶、骨胶、蛋白胶、合成树脂胶等，传统的优质胶，是采用鱼鳔熬制而成，需加热后使用，这种胶黏合强度高，耐水性好，但鱼鳔的资源有限，现在已很难见到它的踪影。近年来使用最多的是聚醋酸乙烯酯乳胶液，俗称乳白胶。这种胶是水性溶液，它的优点是使用方便，具有良好的操作性能和安全性能，不易燃，无腐蚀性，对人体无刺激作用；在常温下固化，无须加热，并可得到较好的干状胶合强度，固化后的胶层无色透明，不污染木材表面。耐水性、耐热性差，易吸湿，在长时间静载荷作用下胶层会出现蠕变，只适用于室内木制品。

### 3. 螺钉与圆钉结合

除了利用木螺钉将两块木材结合在一起以外，近年来出现了大量的专用的结合元件用做木制品的结合，如图 6-6 所示，使用这些元件，极大地提高了木制品加工的机械化程度。螺钉与圆钉的结合强度取决于木材的硬度和钉的长度，并与木材的纹理有关。木材越硬，钉直径越大；长度越长，则强度越大，否则强度越小。操作时要合理确定钉的有效长度，并防止构件劈裂。

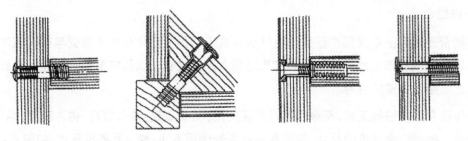

图6-6　螺钉结合

### 4. 板材的拼接

木制品上较宽幅面的板材，经常采用实木板拼接而成。采用实木板拼接时，为减少拼接后的翘曲变形，应尽可能选用材质相近的板材，用胶黏剂或既用胶黏剂又用榫、槽、钉等结构，拼接成具有一定强度的较宽幅面板材。拼接的结合方式有多种，如图 6-7 所示。设计时应根据制品的结构要求、受力形式、胶黏种类，以及加工工艺条件等选择。

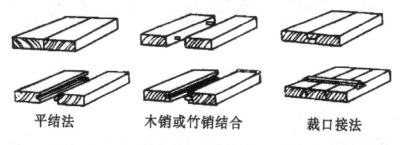

平结法　　　　木销或竹销结合　　　　裁口接法

图6-7　板材拼接方法

## 6.2.3　木制品的表面装饰技术

木制品除极少数高档木材外，都要进行表面装饰工艺，以提高木制品的美观效果和使用寿命。

### 1. 木制品的表面涂饰

1）表面涂饰目的

木制品表面涂饰主要是起装饰作用和保护作用。

通过涂饰工艺可以使木制品表面形成一层光滑并有光泽的涂层，增加天然木质的美感，通过涂饰工艺可以将木材的一些天缺陷掩盖掉，提高木材的装饰效果，也可以通过装饰手段，将普通木材仿制成高档木材，提高木制品的外观效果。

利用表面涂饰材料，可以起到提高木材的硬度，防水防潮、防霉防污的作用，提高木制品的寿命。

2）涂饰前的表面处理

由于木材表面不可避免地存在各种缺陷，如表面的干燥度、纹孔、毛刺、虫眼、节疤、色斑、松香及其分泌物松节油等，不预先进行表面处理，将会严重影响涂饰质量，降低装饰效果。

因此，必须针对不同的缺陷采取不同方法进行涂饰前的表面处理，常见的有如下3种。

● 去毛刺：木制品表面经刨削后，总有些木制纤维残留在表面，影响表面着色的均匀性，因此涂层被覆前一定要去除毛刺。一般木制品用方砂磨法去除毛刺即可，高级木制品可用湿润的抹布擦拭表面，使毛刺膨胀竖起，待表面干燥后再用细砂纸砂磨，也可用火燎法去除毛刺。

● 脱色：不少木材含有天然色素，有时需要保留，可起到天然装饰作用。但有时因色调不均匀，带有色斑，或者木制品要涂成浅淡的颜色，或者涂成与原来材料颜色无关的任意色彩时，就需要对木制品表面进行脱色处理。

脱色的方法有很多，用漂白剂对木材漂白较为经济并见效快。一般情况下，常在颜色较深的局部表面进行漂白处理，使涂层被覆前木材表面颜色取得一致。常用的漂白剂有双氧水、次氯酸钠和过氧化钠等。

● 消除木材内含杂物：大多数针叶树木材中含有松脂。松脂及其分泌物会影响涂层的附着力和颜色的均匀性。在气温较高的情况下，松脂会从木材中溢出，造成涂层发黏。清除松脂常用的方法是使用有机溶剂清洗，如用酒精、松节油、汽油、甲苯等，这些溶剂大多是易燃物品，使用时应特别注意安全。

3）底层涂饰

底层涂饰的目的是改善木制品表面的平整度，提高透明涂饰及模拟木纹的显示程度，获得纹理优美、颜色均匀的木质表面，为面层涂饰打好基础。

4）面层涂饰

底层完成后便可进行面层的涂饰。用于木材制品表面涂饰的涂料一般可分为透明涂饰和不透明涂饰两大类。透明涂饰主要用于木纹漂亮、底材平整的木制品。部分透明涂饰用的面漆和部分不透明涂饰用的面漆如表6-1和表6-2所示。

表6-1  部分透明涂饰用面漆

| 名称 | 特性 | 用途 |
| --- | --- | --- |
| 虫胶清漆 | 干燥快、装饰性、附着力较好、耐热性、耐水差 | 木制品着色、打底或表面上光 |
| 油性大漆 | 漆膜耐水，耐温、耐光性能好，干燥时间6小时左右 | 用于红木器具等涂饰 |
| 聚合大漆 | 干燥迅速、附着力好、漆膜坚硬，耐磨、光亮 | 用于木制品、化学试验台等装饰 |
| 醇酸清漆 | 附着力、韧性、保光性良好，施工方便、毒性小 | 用于普通木制品装饰 |
| 硝基清漆 | 漆膜平整、有亚光和亮光之分、坚韧耐磨、干燥迅速 | 用于高级家具、电视机等装饰 |
| 聚酯清漆 | 是双组份的木器装饰涂料。分亮光面漆、半哑光面漆、哑光面漆和透明底漆，色浅、快干、易于施工，漆膜透明性高、坚韧丰满、手感细腻 | 广泛用于室内外各类木材，铁艺表面的装饰和保护 |
| 聚氨酯清漆 | 漆膜丰满光亮，坚硬耐磨，附着力强，并且具有耐湿，耐潮，耐化学腐蚀等特点 | 适用于木器、家具及金属制品表面作保护之用 |

表6-2　部分不透明涂饰用面漆

| 名称 | 特性 | 用途 |
| --- | --- | --- |
| 醇酸磁漆 | 室温下干燥，漆膜坚硬光亮，保光性强，具有优良的机械性能，附着力强、抗划伤、耐酸碱、抗腐蚀等特点 | 用于普通及木制品装饰 |
| 硝基磁漆 | 漆膜经过抛光可获得很高的光泽，装饰性能较好。漆膜附着力差。 | 用于高级家具、电视机等装饰 |
| 酚醛磁漆 | 室温下干燥，光泽好，附着力强、耐候性比醇酸磁漆差 | 用于普通及木制品装饰 |

### 2. 木制品表面覆贴

表面覆贴是将面饰材料通过黏合剂粘贴在木制品表面而成一体的一种装饰方法。

表面覆贴工艺中的后成型加工技术是近年来开发的板材处理的新技术，如图 6-8 所示。其工艺方法是：以木制人造板（刨花板、中密度纤维、厚胶合板等）为基材，将基材按设计要求加工成所需的形状，然后用一整张装饰贴面材料对面板和端面进行覆贴封边。后成型加工技术可制作圆弧形甚至复杂曲线形的板式家居，使板式家具的外观线条变得柔和、平滑和流畅，一改传统家具直角边的造型，增加了外观装饰效果。

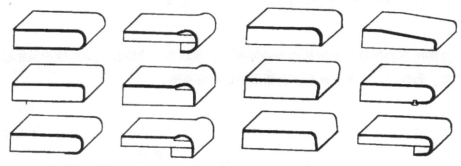

图6-8　后成型加工的边部造型

常用的面饰材料用有聚氯乙烯膜（PVC 膜）、人造革、DAP 装饰纸、AIKOY 纤维膜、三聚氰胺板、木纹纸、薄木等。

## 6.3　常用木材

木材种类繁多，由于树种的不同，树的生长地区环境不同，形成了各种各样，特性各异的木材，不同的树种产生的木材性能也不同，同一种树种，不同的产地性能也不同，树种相同，产地相同，但取自树干的不同部位的木材，性能也不同，本节将对一些常用的木材进行简要介绍。

### 1. 红木

所谓"红木"，不是指某一特定树种的木材，而是明清以来对稀有坚硬优质木材的统称，主要包括以下几种。

- 黄花梨：为我国特有珍稀树种。木材有光泽，具辛辣滋味；文理斜而交错，结构细而匀，耐腐蚀。耐久性强、材质硬重、强度高。

- 紫檀：产于亚热带地区，如印度等东南亚地区。我国云南、两广等地有少量出产。木材有光泽，具有香气，长期暴露在空气后变紫红褐色，文理交错，结构 致密、耐腐蚀、耐久性强、材质坚硬细腻。

- 花梨木：分布于全球热带地区，主要产地是东南亚及南美洲、非洲。我国海南、云南及两广地区已有引种栽培。色泽较均匀，由浅黄至暗红褐色，可见深色条纹，有光泽，具轻微或显著轻香气，纹理交错、结构细而匀（南美、非洲略粗）耐磨、耐久强、硬重、强度高，通常浮于水。东南亚产的花梨木中以泰国最优，缅甸次之。

- 酸枝木：产于热带、亚热带地区，主要产地为东南亚国家。木材材色不均匀，心材依次为橙色、浅红褐色至黑褐色，深色条文明显。木材有光泽，具酸味或酸香味，文理斜而交错，密度高、含油腻，坚硬耐磨。

- 鸡翅木：分布于全球亚热带地区，主要产地为东南亚和南美，因为有类似"鸡翅"的纹理而得名。纹理交错、不清楚，颜色突兀，生长年轮不明显。

如图 6-9 所示为红木家具。

图6-9　红木家具

综上所述，用"红木"制造的家具具有以下特点。

优点：

- 颜色较深，多体现出古香古色的风格，用于传统家具。

- 木质较重，给人感觉质量优良。

- 一般木材本身都有自身所散发出的香味，尤其是檀木。

- 材质较硬，强度高，耐磨，耐久性好。

缺点：

● 因为产量较少，所以很难有优质树种，质量参差不齐。

● 纹路与年轮不清楚，视觉效果不够清新。

● 材质较重，不易搬运。

● 材质较硬，加工难度高，而且易出现开裂的现象。

● 材质比较油腻，高温下容易返油。

**2. 橡木**

橡木属麻栎，属山毛榉科，树心呈黄褐至红褐，生长年轮明显，略成波状，质重且硬，我国北至吉林、辽宁南至海南、云南都有分布，但优质材并不多见，优等橡木仍需要从国外进口，优良用材每立方米达近万元，这也是橡木家具价格高的重要原因。

优点如下：

● 具有比较鲜明的山形木纹，并且触摸表面有着良好的质感，

● 档次较高，适合制作欧式家具

缺点如下：

● 优质树种比较少，假如采用进口，价格较高。

● 由于橡木质地硬沉，水分脱净比较难，未脱净水制作的家具，过一年半载开始变形。

● 市场上以橡胶木代替橡木的现象普遍存在，如果顾客专业知识不足，区别较困难，很容易买到假的。

**3. 橡胶木**

橡胶木原产于巴西、马来西亚、泰国等。国内产于云南、海南及沿海一带，是乳胶的原料。橡胶木颜色呈浅黄褐色，年轮明显，轮界为深色带，管孔甚少。木质结构粗且均匀。纹理斜，木质较硬。

优点：切面光滑，易胶黏，油漆涂装性能好。

缺点：橡胶木有异味，因含糖分多，易变色、腐朽和虫蛀。不易干燥，不耐磨，易开裂，易弯曲变形，木材加工容易，而板材加工后易变形。

**4. 水曲柳**

水曲柳主要产于东北、华北等地。呈黄白色（边材）或褐色略黄（心材）。年轮明显但不均匀，木质结构粗，纹理直，花纹漂亮，有光泽，硬度较大。水曲柳具有弹性、韧性好，耐磨，耐湿等特点。但干燥困难，易翘曲。加工性能好，但应防止撕裂。切面光滑，油漆，胶黏性能好。

**5. 栎木**

俗称柞木，重、硬、生长缓慢，芯材与边材区分明显。纹理直或斜，耐水耐腐蚀性强，

加工难度大，但切面光滑，耐磨损，胶接要求高，油漆着色、涂饰性能良好。国内的家具厂商采用柞木作为原材料的较多。

柞木的缺点如下：

- 生长缓慢，生长周期长（上百年），优质树种较少。
- 胶结要求很高，易在接缝处开裂。
- 加工难度高，易产生较多的加工缺陷。

### 6. 胡桃木

胡桃属木材中较优质的一种，主要产自北美和欧洲，国产的胡桃木颜色较浅。黑胡桃呈浅黑褐色带紫色，弦切面为漂亮的大抛物线花纹（大山纹），黑胡桃非常昂贵，做家具通常只用在表皮，极少用实木。

### 7. 樱桃木

进口樱桃木主要产自欧洲和北美，木材浅黄褐色，纹理雅致，弦切面为中等的抛物线花纹，间有小圈纹。樱桃木也是高档木材，由于价格昂贵，做家具通常只用在表皮，很少用实木。

### 8. 枫木

枫木分软枫木和硬枫木两种，属温带木材，产于长江流域以南直至台湾，国外产于美国东部。木材呈灰褐至灰红色，年轮不明显，管孔多而小，分布均匀。枫木纹理交错，结构细而均匀，质轻而较硬，花纹图案优良。易加工，切面欠光滑，干燥时易翘曲。油漆涂装性能好，胶合性强。

### 9. 桦木

桦木年轮略明显，纹理直且明显，材质结构细腻而柔和光滑，质地较软或适中。桦木富有弹性，干燥时易开裂翘曲，不耐磨。加工性能好，切面光滑，油漆和胶合性能好。常用于雕花部件，现在较少用。桦木属于中档木材，实木和木皮都常见。产于东北和华北，木质细腻淡白微黄，纤维抗剪力差，其根部及节结处多花纹。古人常用其做门芯等装饰。其树皮柔韧漂亮。成材后易变形，故全部用桦木制成的桌椅很少。

### 10. 榉木

榉木属榆种，产于江、浙等地，别名榉榆或大叶榆，木材坚致，色泽兼美，用途极广，颇为贵重，其老龄木材带赤色故名"血榉"，又叫红榉。它比一般木材坚实，但不能算是硬木，榉木色纹兼美，有很美丽的大花纹，层层如山峦重叠，被木工称为"宝塔纹"。

### 11. 椴木

椴木的白木质部分通常颇大，呈奶白色，逐渐并入淡至棕红色的心材，有时会有较深的条纹。这种木材具有精细均匀的纹理及模糊的直纹。

椴木机械加工性良好，容易用手工工具加工，因此是一种上乘的雕刻材料。钉子、螺钉及胶水固定性能较好。经砂磨、染色及抛光能获得良好的平滑表面。变形小、老化程度低。

干燥时收缩率颇大，但尺寸稳定性良好。

椴木重量轻，质地软，强度比较低，属于抗蒸汽弯曲能力不良的一类木材。耐腐蚀性差，易受常见家具甲虫蛀食。

12. 松木

松木是一种针叶植物（常见的针叶植物有松木、杉木、柏木），它具有松香味、色淡黄、疖疤多、对大气温度反应快、容易胀大、极难自然风干等特性，故需经人工处理，如烘干、脱脂去除有机化合物，漂白统一树色，中和树性，使之不易变形。

松木家具的特点如下：

● 色泽天然，保持了松木的天然本色，纹理清楚美观。

● 造型朴实大方、线条饱满流畅，尽显良好的质感。

● 实用性强、经久耐用。

● 弹性和透气性强，导热性能好且保养简单。

如图 6-10 所示为松木家具。

图6-10　松木家具

# 6.4　木材在产品设计中的应用

木材具有与其他材料不同的使用特性和工艺特性，设计时应充分考虑木材的特性、工艺性及制造成本等因素。

1. 儿童悄悄跷跷板

如图 6-11 所示为儿童跷跷板，是由多层胶和板弯曲而成，结构简单，富有动感，底板较长，保证了儿童玩耍时的安全。

图6-11　儿童跷跷板

## 2. 高扶手官帽椅

如图 6-12 所示的椅子是明代高扶手官帽椅，选用樱桃木制做，不上油漆，采用磨光上蜡工艺，保持木材的自然纹理与质感，整个设计简洁实用，具有一种自然的、令人亲近的气息。座面 56cm× 47.5cm，通高 93.2cm。如图 6-13 所示是靠背板上镶嵌的透雕龙纹玉片，典雅高贵。

图6-12　中国椅　　　　　　　　图6-13　透雕龙纹玉片

### 3. "交叉"扶手椅

如图 6-14 所示是由加拿大设计师 Gerrit T Rirtverld 设计的"交叉"扶手椅，采用弯曲成型的胶合板编织，黏结而成，胶合板宽 50mm，厚 2mm，由枫木薄板层压胶合而成。椅座部分采用编织结构，不使用胶黏结，具有良好的弹性。整个椅子不使用金属件固定，而是采用高性能的黏结剂黏结，椅子结构结实耐用。

图6-14　"交叉"扶手椅

### 4. 木制窗户

如图 6-15 所示的木制窗户，采用传统加工方式制造，表面涂透明清漆，展现了木材原有的纹理，造型简洁，富有木材特有的质感美。

图6-15　木制窗户

5. 笔筒

如图 6-16 所示为两款笔筒，采用红木浮雕而成，造型古朴典雅，笔筒不上色，体现了红木特有的视觉质感美。

图6-16　笔筒

6. 小桥

如图 6-17 所示的小桥是为儿童玩耍而设计的，保留了木材原有的纹理和质感，富有童话般的情趣，造型矮小，有利于安全。

图6-17　小桥

## 7. 凳子

如图 6-18 所示的凳子是丹麦设计师 Hans Sandgren Jakobsen 设计的，凳子用板材弯曲而成，上面制成中凹的曲面，符合人机工程的原理，整个表面采用樱桃木装饰，清新自然，传递着大自然的信息。

图6-18　凳子

## 8. "双爱"床

如图 6-19 所示是"双爱"床，由意大利设计师设计，床具表面涂以环保型的油和腊，加热后喷涂，床的结构非常简单，没有使用螺钉和金属构件，易于拆装和运输，板条之间的倾角和弹性胶垫使床产生了很大的弹性，其结构示意图如图 6-20 所示。

图6-19　"双爱"床

床板呈尖角的板条如同悬臂一样从床腿伸展出去。

弹性胶垫使床板具有弹性。

组装的时候不需要金属配件和螺钉，而是采用C.E.E.认证的维尼纶树脂。

所有部件都由坚硬的山毛榉木制成，表面饰以环保涂料。

图6-20　"双爱"床结构示意图

## 复习思考题

1. 木材有哪些特性？

2. 举例说明木制品加工的工艺流程。

3. 木制品装配有哪些结合方式？

4. 木制品涂饰前要进行哪些表面处理？

5. 什么是木制品表面覆贴？

6. 红木通常是指哪几种木材？各有哪些特点？

7. 松木家具有什么特点？

8. 红木制品有什么特点？

# 第7章
# 玻璃及加工工艺

**本章重点：**

◆ 玻璃的光学性质、玻璃的物理机械性质、玻璃的化学性质。

◆ 玻璃的几种分类方法。

◆ 常用玻璃加工工艺的特点和适用范围。

◆ 产品设计中常用玻璃，功能各异的新型玻璃。

◆ 玻璃在产品设计中的应用。

**学习目标：**

◆ 通过本章的学习，掌握玻璃的光学、物理机械及化学性能，熟知玻璃的加工工艺，能够根据玻璃的透光、晶莹剔透、耐腐蚀、硬而脆等特性进行产品设计。

## 7.1 玻璃的特性

玻璃是一种较为透明的固体物质，在熔融时形成连续的网络结构，冷却过程中黏度逐渐增大并硬化而不结晶的硅酸盐类非金属材料。普通玻璃是由化学氧化物组成（$Na_2O \cdot CaO \cdot 6SiO_2$）的，主要成分是二氧化硅。

玻璃具有一系列优良的性能，在日常环境中呈化学惰性，也不会与生物起作用，玻璃一般不溶于酸（例外，氢氟酸与玻璃反应生成 $SiF_4$，从而导致玻璃的腐蚀）；但溶于强碱，如氢氧化铯。玻璃是现代产品设计中的一大媒介材料，已经成为人们现代生活、生产和科学实验中不可缺少的重要材料。

如图 7-1 所示为玻璃制品。

图7-1 玻璃制品

1. 光学性质

玻璃是一种高度透明的物质，具有良好的透视、透光性能，具有一定的光学常数，具有吸收或透过紫外线和红外线的性能，具有感光、光变色、光存、光显示等光学性能。

2. 硬度

玻璃的硬度较大，仅次于金刚石、碳化硅等材料，不能用普通刀具切割。玻璃常温下的硬度值在莫氏 5 ~ 7 之间。

3. 强度

抗拉强度远小于抗压强度，是典型的脆性材料。

4. 热性质

玻璃的导热性很差，热稳定性较差，极冷或极热易发生炸裂。

5. 电学性能

常温下玻璃是电的不良导体，如果温度升高导电性会迅速提高，熔融状态则是良导体。

6. 化学性质

有较高的化学稳定性，通常情况下，对酸碱盐及化学试剂和气体都有较强的抵抗能力，但长期遭受侵蚀性介质的作用也会导致变质和破坏，如玻璃的风化和发霉都会导致外观破坏和透光性能降低。

## 7.2 玻璃的分类

### 7.2.1 成分分类

玻璃通常按主要成分分为氧化物玻璃和非氧化物玻璃。非氧化物玻璃品种和数量很少，主要有硫系玻璃和卤化物玻璃。硫系玻璃的阴离子多为硫、硒、碲等，可截止短波长光线而通过黄、红光，以及近、远红外光，其电阻低，具有开关与记忆特性。卤化物玻璃的折射率低，色散低，多用做光学玻璃。

氧化物玻璃按其成分可分为如下几种：

- 普通玻璃（$Na_2SiO_3$、$CaSiO_3$、$SiO_2$或$Na_2O \cdot CaO \cdot 6SiO_2$）。
- 石英玻璃（以纯净的石英为主要原料制成的玻璃，成分仅为$SiO_2$）。
- 钾玻璃（$K_2SiO_3$、$CaO$、$SiO_2$）。
- 硼酸盐玻璃（$SiO_2$、$B_2O_3$）。
- 有色玻璃在（普通玻璃制造过程中加入一些金属氧化物。$CuO$——蓝绿色；$Ni_2O_3$——墨绿色；$MnO_3$——紫色；胶体Au——红色；胶体Ag——黄色）。
- 变色玻璃（用稀土元素的氧化物作为着色剂的高级有色玻璃）。
- 光学玻璃（在普通的硼硅酸盐玻璃原料中加入少量对光敏感的物质，如AgCl、AgBr等，再加入极少量的敏化剂，如CuO等，使玻璃对光线变得更加敏感）。
- 彩虹玻璃（在普通玻璃原料中加入大量氟化物、少量的敏化剂和溴化物制成）。
- 防护玻璃（在普通玻璃制造过程加入适当辅助料，使其具有防止强光、强热或辐射线透过而保护人身安全的功能。如灰色——重铬酸盐、氧化铁吸收紫外线和部分可见光；蓝绿色——氧化镍、氧化亚铁吸收红外线和部分可见光；铅玻璃——氧化铅吸收X射线和γ射线；暗蓝色——重铬酸盐、氧化亚铁、氧化铁吸收紫外线、红外线和大部分可见光；加入氧化镉和氧化硼吸收中子流。

### 7.2.2 性能分类

玻璃按性能特点分类又分为普通玻璃、钢化玻璃、多孔玻璃（即泡沫玻璃，用于海水淡化、病毒过滤等方面）、导电玻璃（用估电极和飞机风挡玻璃）、微晶玻璃、乳浊玻璃（用于照明器件和装饰物品等）和中空玻璃（用做门窗玻璃）等。

## 7.3 玻璃的加工工艺

### 7.3.1 压制成型

玻璃的压制成型工艺过程如图 7–2 所示，是利用压力将置于模具内的玻璃熔料挤压成型，适用于形状容易脱模的制品，如玻璃盘碟、玻璃砖等。

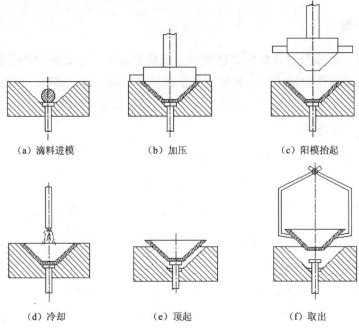

　（a）滴料进模　　　　　　（b）加压　　　　　　　（c）阳模抬起

　　（d）冷却　　　　　　　（e）顶起　　　　　　　（f）取出

图7-2　压制成型

如图 7–3 所示为压制成型的玻璃盘。

图7-3　压制成型的玻璃盘

### 7.3.2 吹制成型

玻璃的吹制成型工艺过程如图 7–4 所示，是先将玻璃黏料压制成雏形型块，再将压缩空气吹入处于热熔态的玻璃型块中，使之吹胀成中空的制品。吹制成型分为机械吹制成型和人工吹制成型。

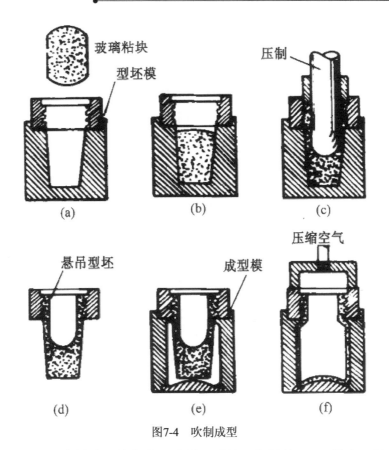

图7-4 吹制成型

　　如图 7-5 所示人工吹制成型的方法，吹制工手持一条长约 1.5m 的空心铁管，一端从熔炉中蘸取玻璃液（挑料），一端为吹嘴。挑料后在滚料板（碗）上滚匀。吹气，形成玻璃料泡，在模中吹成制品，也可无模自由吹制，最后从吹管上敲落，冷却后成型，如图 7-6 所示为吹制成形的制品。

图7-5　人工吹制成型　　　　　　　　　图7-6　吹制成型的制品

### 7.3.3　拉制成型

　　拉制成型是利用机械拉力将熔融玻璃制成制品的成型方法，拉制成型分水平拉制和垂直拉制，主要用于加工平板玻璃、玻璃管、玻璃纤维等，如图 7-7 所示为垂直拉制成型。

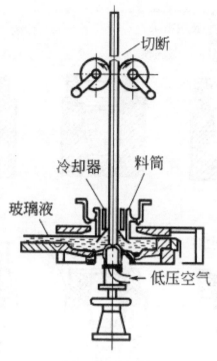

图7-7　垂直拉制

### 7.3.4　压延成型

压延成型是利用金属辊的滚动将玻璃熔融体压制成板状制品，主要用来生产压花玻璃、夹丝玻璃等，如图7-8所示。

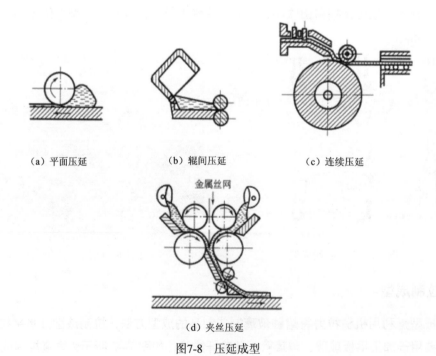

（a）平面压延　　　（b）辊间压延　　　（c）连续压延

（d）夹丝压延

图7-8　压延成型

## 7.3.5　玻璃的热处理

玻璃产品在生产过程中由于温度的变化剧烈和不均匀，玻璃制品内部会产生热应力，降低了制品的强度和热稳定性，在后期的存放或机械加工过程中自行破裂，制品内部结构变化的不均匀性，又可能造成玻璃制品光学性质的不均匀，因此玻璃制品成型后，都要进行热处理。玻璃的热处理包括淬火和退火两种工艺。

退火就是消除玻璃制品内部的热应力的过程，对光学玻璃通过退火可以使内部均匀，提高光学性能。

淬火就是使玻璃形成一个有规律、均匀分布的压力层，提高玻璃制品的机械强度和热稳定性。

## 7.3.6　玻璃的二次加工

成型后的玻璃制品，除少数制品能直接使用外，多数制品都要经过进一步加工，才能得到符合要求的制品。玻璃的二次加工可分为冷加工、热加工和表面处理三大类。

### 1. 玻璃的冷加工

玻璃的冷加工是指在常温下，用机械的方法对玻璃进行加工，常用的冷加工方法有切割、钻孔等。

- 切割：玻璃的切割是利用金钢石刀具在玻璃表面划割，形成划痕，并沿着划痕处断裂。
- 钻孔：利用金刚石钻头、硬合金钻头、超声波对玻璃进行打孔。

### 2. 玻璃的热加工

有些形状复杂和要求特殊的玻璃制品，需要通过热加工进行最后成型。常用热加工方法有火焰切割、火抛光、烧口等。

### 3. 玻璃制品的表面处理

玻璃的表面处理是对成型后的玻璃制品表面再加工，以获得所需的表面效果，包括消除表面缺陷的研磨、抛光、磨边；形成特殊效果的喷砂、车刻、蚀刻、彩饰、涂层等。

- 研磨：研磨是利用磨具，将玻璃制品表面的缺陷或残留凸出部分加工掉，使制品的形状、尺寸及表面质量满足使用要求。
- 抛光：利用抛光材料，消除研磨后玻璃表面残留的凹凸层和裂纹，以获得光滑、平整的表面。
- 喷砂：通过喷枪用压缩空气将磨料喷射到玻璃表面，形成毛面或花纹图案、文字等。
- 雕刻：雕刻又称刻花，分为人工雕刻和电脑雕刻两种。其中人工雕刻利用娴熟刀法的深浅和转折配合，更能表现出玻璃的质感，使所绘图案给人呼之欲出的感受。

雕刻玻璃是家居装修中很有品位的一种装饰玻璃，所绘图案一般都具有个性"创意"，反映着居室主人的情趣所在和追求，如图7-9所示。

图7-9　雕刻玻璃

- 蚀刻：先在玻璃表面涂覆石蜡等保护层并在其上刻出花纹图案，让后利用化学药物（多用氢氟酸）的腐蚀作用，蚀刻出露出的部分，再去除保护层，即得到所需图案。

- 彩饰：利用玻璃色釉对玻璃器皿进行艺术装饰。有描绘、喷花、印花、贴花等不同技法。所有的玻璃彩饰，均在最后经彩烧、彩釉才能牢固地熔附于玻璃表面，经久耐用，并使色釉平滑，色彩鲜艳、光亮，如图7-10所示。

图7-10　彩饰玻璃制品

## 7.4 常用玻璃

### 7.4.1 通平板玻璃

在所有玻璃制品中，平板玻璃是应用最多的一种玻璃制品。普通平板玻璃按其生产方法不同主要分为三种：即上引法平板玻璃（分有槽/无槽两种）、平拉法平板玻璃和浮法玻璃。浮法玻璃由于厚度均匀、上下表面平整平行，没有波筋、劳动生产率高且有利于管理等，正成为生产平板玻璃的主流。

浮法玻璃生产的成型过程如图 7-11 所示，熔融玻璃从熔窑中连续流出，进入通入保护气体（$N_2$ 及 $H_2$）的锡槽中并漂浮在相对密度较大的锡液表面上，在重力和表面张力的作用下，玻璃液在锡液表面上铺开、摊平，硬化、冷却后被引上过渡辊台。辊台上的辊子转动，把玻璃拉出锡槽进入退火窑，经退火、裁切，就得到平板玻璃产品。

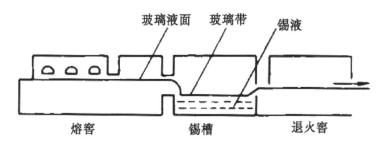

图7-11 浮法玻璃生产示意图

### 7.4.2 加工玻璃

#### 1. 钢化玻璃

钢化玻璃是普通玻璃经过再加工处理而成的一种预应力玻璃。钢化玻璃相对于普通玻璃来说，具有如下两大特征：

● 钢化玻璃抗拉度是普通玻璃的3倍以上，抗冲击是普通玻璃的5倍以上。

● 钢化玻璃不容易破碎，即使破碎也会以无锐角的颗粒形式碎裂，对人体伤害大大降低。

#### 2. 磨砂玻璃

在普通玻璃上面用机械研磨的方法，将玻璃表面加工成毛面，使光线产生漫射，只透光而不透视。一般多用在厚度为 9mm 以下的玻璃，以 5 ~ 6mm 厚度居多。

#### 3. 喷砂玻璃

性能上基本上与磨砂玻璃相似，不同的是改磨砂为喷砂。由于两者视觉上类同，很多情况下人们都把它们混为一谈。

#### 4. 压花玻璃

压花玻璃是采用压延方法制造的一种平板玻璃，表面具有凹凸不平的花纹，其最大的特点是透光不透视，多用于洗手间等装饰区域，如图 7–12 所示。

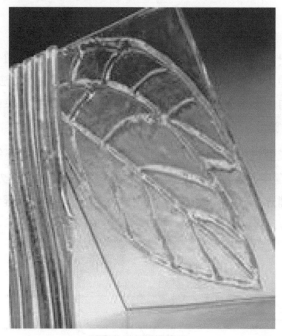

图7-12　压花玻璃

#### 5. 夹丝玻璃

夹丝玻璃是采用压延方法，将金属丝或金属网嵌于玻璃板内制成的一种具有抗冲击平板玻璃，受撞击时只会形成辐射状裂纹而不至于堕下伤人。故多用于高层楼宇和震荡性强的建筑。

#### 6. 中空玻璃

中空玻璃采用胶接法将两块玻璃保持一定间隔，间隔中间是干燥的空气，周边再用密封材料密封而成，具有隔热、隔音、防霜、防结露的作用，中空玻璃可以在 −25 ～ −40℃条件下正常使用，是新型的透明墙体材料。

#### 7. 夹层玻璃

夹层玻璃一般由两片普通平板玻璃（也可以是钢化玻璃或其他特殊玻璃）和玻璃之间的有机胶合层（如尼龙等）构成。当受到破坏时，碎片仍黏附在胶层上，避免了碎片飞溅对人体的伤害，多用于安全要求较高的场合下。

#### 8. 防弹玻璃

防弹玻璃实际上是夹层玻璃的一种，只是构成的玻璃多采用强度较高的钢化玻璃，而且夹层的数量也相对较多。多用于银行或者豪宅等对安全要求非常高的工程中，如图 7–13 所示。

图7-13　夹层防弹玻璃

### 7.4.3　新型玻璃

#### 1. 低辐射玻璃

低辐射玻璃又称 low-e（楼依）玻璃，是镀膜玻璃中的一员，此玻璃可减低室内外温差而引起的热传递。

低辐射玻璃是一种既能像普通玻璃一样让室外太阳光、可见光透过，又像红外线反射镜一样，将物体二次辐射热反射回去的新一代镀膜玻璃。在任何气候环境下使用，均能达到控制阳光、节约能源、热量控制调节及改善环境。

低辐射玻璃又被称为恒温玻璃，即无论室内外温差有多少，只要装上这种玻璃，就可以花费很少的空调费用而保持室内恒定的温度，呈现冬暖夏凉的境地。

但要注意的是，低辐射玻璃除了影响玻璃的紫外线、遮光系数外，从某个角度上观察会有一些不同颜色显现在玻璃的反射面上。

#### 2. 聪敏彩色玻璃

这种玻璃在空气中出现某些化学物质时会改变颜色，这使它在环境监视、医学诊断及家居装饰等方面能发挥重要的作用。

#### 3. 镭射玻璃

在玻璃上涂敷一层感光层，利用激光在其上刻划出任意的几何光栅或全息光栅，镀上铝（或银、铝）再涂上保护漆，这就制成了镭射玻璃。它在光线照射下，能形成衍射的彩色光谱，而且随着光线的入射角或人眼观察角的改变而呈现出变幻多端的迷人图案。其使用寿命可达50 年，而且正向家庭装潢方面发展。

#### 4. 智能玻璃

这种玻璃是利用电致变色原理制成的。智能玻璃的特点是，中午朝南方向的窗户，随着阳光辐射量的增加会自动变暗，与此同时，处在阴影下的其他朝向窗户开始明亮。装上智能窗户后，人们不必为遮挡骄阳配上暗色或装上遮光窗帘了。严冬，这种朝北方向的智能窗户能为建筑物提供 70% 的太阳辐射能，获得漫射阳光所给予的温暖。同时，还可使装上变色玻璃的建筑物减少供暖和制冷需用的能量及照明所需要的能量。

5. 真空玻璃

这种玻璃是双层的，由于在双层玻璃中被抽成真空，所以绝热性能极佳，具有热阻极高的特点，这是其他玻璃所不能比拟的。真空窗户有很高的实用价值。酷暑，室外高温无法"钻"入室内；严冬，房内的暖气不会逸出，称得上是抵御炎暑、寒冷侵袭的"忠诚卫士"，而且没有空调所带来的种种弊端。

## 7.5 玻璃在产品设计中的应用

玻璃往往给人一种神秘和优雅的感觉，玻璃具有天然的美感，玻璃的透明性和变幻无穷的色彩感和流动感充分展现了玻璃的材质美。玻璃的材质美在于透明性，这是玻璃"最可贵的品质"。有人把玻璃艺术创作比喻为"犹如在水和空气中工作"，这道出了玻璃的材质特点：似有似无，实中有虚。面对一件纯净无瑕的玻璃艺术品，人们经常会产生种种遐想，甚至有一种超凡入圣的感觉，如图 7-14 所示。

图7-14　玻璃的材质美

玻璃的材质美的另一个特点是反射性。玻璃具有光滑而且坚硬的表面，使玻璃具有强烈的光反射能力。玻璃是光的载体，光是玻璃的韵律。无论是透明的，还是半透明的，玻璃都呈现了光与影融为一体的质感美，这是其他材料所无法仿效的情调。

## 7.5.1　艺术玻璃制品

　　利用玻璃的透光、反光特性，对玻璃进行雕刻、绘画等艺术创作，可制作出晶莹剔透、丰富多彩的具有光的旋律的艺术玻璃制品，它们可以作为装饰材料，用作各种室内、室外装饰，也可以用做家具、器皿等器物的装饰。艺术玻璃将光学和美学完美地结合在一起，具有独特的质感美，这是其他材料无法替代的。人们在深入了解玻璃的特性中，不断扩大着玻璃的表现力，以致玻璃在日益融进人们物质生活的同时，一步步进入了艺术殿堂，如图 7–15 ～图7–18 所示。

图7-15　雕刻玻璃

图7-16　玻璃装饰品

图7-17　艺术玻璃移动门

图7-18　花瓶

### 7.5.2　玻璃器皿

随着科学技术的发展和人民生活水平的提高，当代玻璃器皿的设计不仅仅是单纯的功能设计，而是在满足玻璃器皿使用功能的前提下，充分运用工艺技术和美观因素的统一设计，这种设计展示了人类驾驭玻璃材料、运用技术手段的能力和创造艺术美的才华，高度体现了玻璃材料卓越的工艺技术和艺术化表现方式的完美结合，充分展现了玻璃材质的自然美，如图 7–19 ~ 图 7–21 所示。

图7-19　咖啡用具

图7-20　酒杯

图7-21　茶具

### 7.5.3　玻璃家具

在现代家具设计中，各种透明、半透明材质越来越受到一些设计师的偏爱，晶莹透明的艺术玻璃家具也备受人们的推崇，晶莹剔透的家具已经成为现代家具中的一个流行亮点。玻璃家具融合了现代家具和传统家具的精华。将玻璃和金属、木材、塑料等多种材质巧妙地结合在一起，使玻璃家具既具有实用性，又成为一个极具欣赏性的艺术品，使人们从各方面观察家具时都会感觉完美无瑕。现代家具设计中讲求以视觉为中心，而玻璃家具独特的设计造型和材质效果应和了这一特点，它像珍贵的宝石装饰物一样，让居室焕发出灿烂的光彩，成为人们视觉的焦点，如图 7-22 ~ 图 7-26 所示。

图7-22　玻璃桌子

图7-23　玻璃茶几

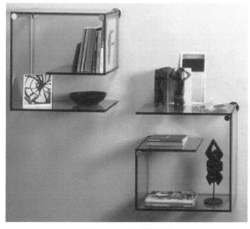

图7-24　玻璃墙挂

图7-25　玻璃椅

图7-26    玻璃门把手

### 7.5.4    玻璃在建筑中的应用

科技发展到今天，玻璃已越来越多地被建筑设计师们采用。成为不可缺少的建筑装饰材料，由于玻璃特有的透光性和反光性，玻璃在门窗上得到了广泛的应用，但现代建筑用于墙体装饰的玻璃墙体越来越受到人们的青睐。通过研磨、刻花、镶嵌、彩饰等加工工艺使得装饰效果更佳。玻璃在建筑中的应用，使建筑充满了光的效果，给人们对于建造以冰清明镜建筑的视觉感觉。同时光也使玻璃改变了自己的面貌，从而形成了建筑、玻璃、光三者互相依赖，相辅相成的关系，并且进一步在其特定的空间环境中产生丰富的表现力，赋予人们更加丰富的开敞、奔放、流动、抒情、虚幻、典雅等视觉感受，如图 7-27 ~ 图 7-29 所示。

图7-27　玻璃墙

图7-28　玻璃螺旋楼梯

图7-29  中空玻璃隔音墙

## 复习思考题

1. 玻璃具有哪些特性？

2. 玻璃压制成型适用于什么样的制品？举例说明。

3. 玻璃吹制成型适用于什么样的制品？举例说明。

4. 什么是玻璃的热处理？

5. 玻璃可通过哪些方法进行二次加工？

6. 玻璃可通过哪些方法进行表面再加工？

7. 什么是浮法玻璃？

8. 钢化玻璃与普通玻璃相比有什么特点？

# 参考文献

［1］江湘芸. 设计材料及加工工艺. 北京：北京理工大学出版社，2003.

［2］任秋平. 工业造型材料与面饰工艺. 重庆：重庆大学出版社，1992.

［3］马赛. 工业设计与展示设计. 北京：中国纺织出版社，1998.

［4］（美）查尔斯 A. 哈珀（Charles A.Harper）. 产品设计材料手册. 北京：机械工业出版社，2004.

［5］王明旨. 产品设计. 北京：中国美术出版社，1999.

［6］张锡. 设计材料与加工工艺. 北京：化学工业出版社，2004.

［7］温变英. 高分子材料与加工. 北京：中国轻工业出版社，2011.

［8］张宪荣. 现代设计词典. 北京：北京理工大学出版社，1998.

［9］徐人平. 工业设计工程基础. 北京：机械工业出版社，2003.

［10］颜景平. 机械制造基础. 北京：中央广播电视大学出版社，1991.

［11］夏巨谌. 材料成型工艺. 北京：机械工业出版社，2005.

# 反侵权盗版声明

电子工业出版社依法对本作品享有专有出版权。任何未经权利人书面许可，复制、销售或通过信息网络传播本作品的行为；歪曲、篡改、剽窃本作品的行为，均违反《中华人民共和国著作权法》，其行为人应承担相应的民事责任和行政责任，构成犯罪的，将被依法追究刑事责任。

为了维护市场秩序，保护权利人的合法权益，我社将依法查处和打击侵权盗版的单位和个人。欢迎社会各界人士积极举报侵权盗版行为，本社将奖励举报有功人员，并保证举报人的信息不被泄露。

举报电话：（010）88254396；（010）88258888

传　　真：（010）88254397

E-mail：dbqq@phei.com.cn

通信地址：北京市万寿路 173 信箱

　　　　　电子工业出版社总编办公室

邮　　编：100036